"客户管理"丛书

# 智能时代体验设计

## "三体共创"模式实战手册

杨　润◎著

企业管理出版社
ENTERPRISE MANAGEMENT PUBLISHING HOUSE

**图书在版编目（CIP）数据**

智能时代体验设计 ："三体共创"模式实战手册 / 杨润著. -- 北京 : 企业管理出版社, 2025. 4. -- ISBN 978-7-5164-3241-9

Ⅰ. TB472

中国国家版本馆 CIP 数据核字第 2025K44A99 号

**书　　名：** 智能时代体验设计："三体共创"模式实战手册
**书　　号：** ISBN 978-7-5164-3241-9
**作　　者：** 杨　润
**责任编辑：** 蒋舒娟
**出版发行：** 企业管理出版社
**经　　销：** 新华书店
**地　　址：** 北京市海淀区紫竹院南路 17 号　**邮编：** 100048
**网　　址：** http：//www.emph.cn　**电子信箱：** 26814134@qq.com
**电　　话：** 编辑部（010）68701661　发行部（010）68417763　（010）68414644
**印　　刷：** 北京联兴盛业印刷股份有限公司
**版　　次：** 2025 年 4 月第 1 版
**印　　次：** 2025 年 4 月第 1 次印刷
**开　　本：** 710mm × 1000mm　1/32
**印　　张：** 8 印张
**字　　数：** 169 千字
**定　　价：** 68.00 元

三体共创，是工业设计（ID）、软件交互和视觉设计（UI）、用户研究和测试（UE）三个专业在创新过程中紧密协同、相互作用和共同创造。

# 序言 1

## 设计真知源自持久的实践沉淀

40 余年工业设计教书匠的生涯，让我有幸完整见证：20 世纪 80 年代初现代设计理念导入中国，推动传统美术及工艺美术教育向现代设计教育体系的转型；1990 年前后珠三角地区的早期工业设计公司实践发展到 90 年代中期以联想、海尔、美的为代表的消费电子及家电企业进入创建自主设计团队的实践新模式；21 世纪初中国加入 WTO 驱动制造业向 ODM、OBM 的升级；过去十多年来中国设计产业在各领域腾飞式高速成长，中国设计在全球各年度重磅工业设计奖中斩获越来越多高规格奖项，实现了产品创新力由贫弱到强大且在若干行业跻身世界巅峰水平之列。

在由理念认知到落地实践的漫长进程中，我真切感受到了高校与企业在引领设计实践发展的能量上发生的“主体转换”或曰“交棒”变革——高校在前 20 年发挥了关键的主导作用，后 20 年则逐渐被更符合中国本土制造业高速成长要求的企业创新实战所超越并替代。

许多企业设计创新一线的资深设计师反馈的信息表明，今日国内众多设计类院校教师在课堂上所传授的知识，与一线企业设计部门的新知需求已严重脱节，以至于不少已跻身于世界级水平的企业，对设计类的校企合作项目的关注逐渐减少。

设计创新是典型的“应用学科”，“从实践中来，到实践中去”，具有其知识萃取与指导应用的循环关系特征。20世纪80年代，现代设计体系导入中国时，高校通过学习、编译西方发达国家的设计出版物生成教材，搭建具有鲜明“舶来品”特性的课程体系，知识内容自带“二手”“三手”色彩——编译者、讲授者只能扮演“传声筒”角色，不可能有机会去做实践验证，因为在彼时改革开放的中国，自主创新大规模应用于产业的时代远未到来。

时至今日，处于“大变局时代”的中国制造业已发生天翻地覆的变化，处于数字经济、体验经济、AI智能聚合而成的全新产业模态中，越来越多的中国企业已由过往的“追随者”跃身为行业变革的“引领者”，在面对更为复杂、多维的设计创新问题时，必须靠自主的创新思考与实践探索方法论，寻求最优解决方案，走向成功之道。

这意味着“实践出真知”这句格言，对中国设计教育新一轮改革而言，比以往任何时候都重要，不仅置身高校的研究者、教育者应以此为坐标，转换获取新研究课题、创造新知识内容著述的思维方式，居于高密度设计创新项目实践一线的行业龙头企业设计部门领导者，更有机会把自己厚积多年的产品创新思考、实践感悟、市场验证加以梳理沉淀；萃取生成价值充盈的著述干货，指引年轻设计师以少走弯路、更为高效的方式投身高质量的设计实战。

20世纪90年代末，我曾编纂过一本论文集——《多思的实践者》，汇集了一批珠三角设计师基于实践感悟撰写的论文。过去几年中，我欣慰地收到过若干本来自小米、阿里巴巴、腾讯等企业“多思的实践者”寄来的著作，呈现出作者们在用户研究、交互设计、体验设计、营销设计等设计创新重要环节上多年的思考、探索与知识升华。

因此，当获悉自2003年由广美设计学院工业设计专业毕业后一直与我保持交流，现已成为联想集团首席设计师的杨润先生的心力之作《智能时代体验设计："三体共创"模式实战手册》即将出版的消息，由衷地为他向更高的设计思维殿堂跃迁击掌高兴。

在持续20多年的交往中，我见证了杨润从产品设计拓展到交互设计到用户研究，他的实践轨迹也由仅设计输出前置至新品规划与定义、用户研究与定位，后延至跟进生产制造、市场营销与售后服务……覆盖创新链全程，令他对“设计创新”的动态化认知迭代与内涵理解向多维度升华。

及至近年，如何优化创新组织架构？如何打造智能化时代的品牌产品生态？如何协同各业务部门展开新品共创？如何确保高效输出爆款产品？…… 这一系列基于更高视野所能触达的新问题，成为我们见面聊天的主要内容。所以，杨润在高频的设计创新管理工作中，利用碎片时间码字写作的这本著述，逾10万字所传输的内容，我一点都不陌生。

"以用户为中心的设计"，这句体现经济时代的设计创新的"铁律"，也作为叙事逻辑的主线，清晰贯穿于本书始终。

所以，开篇第一章，作者就探讨了"智能化时代下什么是好产品"，定义了尔后全书探讨内容的主轴方向。在递进概述了手工艺、工业化、信息化、智能化4个人类文明进化阶段的"好产品"主要属性特征基础上，把"软硬结合""多向互联""情感导向"确立为智能化时代"好产品"特性的三个要素，并进一步解析为：用户对产品的期望不再仅停留在功能完备和性能卓越上，而是更加强调产品的个性化、智能化提供给用户的无缝的、愉悦的整体体验。

以此为铺垫，此书在第二章提出：不同设计专业在智能化时代都将面临"全新能力要求"，用户期待与"好产品"定义是动态演变的，企业设计管理者亟须面对"如何协同各设计专业团队以提供适配时代的产品体验"等诸多挑战性很强的问题。

"用户参与设计"，是作者基于用户场景和用户参与所提出的最有效、精准了解用户需求的观点。第三章和第四章做了刨根问底式的深入解析，继之提出本书最具"方法论"价值的"三体共创"模式——特指三个关键专业：工业设计（ID）、软件交互和视觉设计（UI）、用户研究和测试（UE）在智能产品设计创新过程中的紧密协同、相互融合，并把用户的积极参与嵌入全过程，确保产品设计的“最优解”方案既具创新性与实用性，又最符合用户的真实需求，使用户获得极致的使用体验。

第五章则进一步分享了如何在设计实践中具体使用“用户参与式设计”的工具、行为模式、工作模式、方式方法，详细介绍了如何将这些要素纳入“三体共创”模式的协同工作流，特别强调这种模式必须从项目一开始就必须全面导入。

第六章和第七章聚焦实战与案例，可被视为杨润带领的团队过去几年来以用户参与设计的“三体共创”模式成果的“解密式”呈现。这些案例覆盖了消费级的个人与家用场景产品和商用级的办公、教育、会议等场景中的产品，既有软硬件一体化的产品，也有纯软件产品，且层级式地一步步分享了设计研发的详细过程。

第八章和第九章在总结“三体共创”模式应用于“消费”和“商用”产品体验的异同，评估适用性和应用效果，复盘提出改进方向基础上，提出了“从产品体验创新到全链路体验创新”的未来探索方向，展望了在新的人工智能时代，跨学科的交叉和融合、数据驱动的体验优化和迭代、AIGC 加速产品体验创新效率，将强力推动设计必须与商业深度融合，导入全链路体验创新流程升维设计创新成就的品牌价值。

作者认为：全链路体验创新要求设计师必须从全局视野出发，综合考虑各方面因素——不仅关注产品形态、界面和交互，更要深入了解商业全链路中与用户发生联系的所有触点，包括兴趣激发、需求洞察、业务逻辑、技术实现及商业化变现等环节，才能最终设计出真正符合用户期望与商业需求的好产品。

创新无止境，实践不停步。相信本书作者已把"全链路体验创新"设定为更为宽广的实践探索新目标，让我们期待。

**童慧明**

广州美术学院教授

设计驱动型品牌（Brand Driven by Design）理念创导人

BDDWATCH（设计驱动型品牌观察）研究平台发起人/首席研究员

# 序言 2

## 以“三体共创”重塑智能时代的体验革命

在数字化浪潮与人工智能技术狂飙突进的今天，用户体验早已从产品设计的附属品演变为企业竞争的战略核心。用户对“好产品”的期待不再局限于功能完备，而是追求情感共鸣、场景适配与智能化服务的全方位融合。这一变革对传统设计模式提出了颠覆性挑战：如何打破专业壁垒，整合跨领域资源，实现用户需求的精准洞察？《智能时代体验设计：“三体共创”模式实战手册》正是一部立足时代痛点、探索破局之道的开创性著作。

### 一、破解智能化时代的三大迷思

当前产品设计领域普遍存在三大迷思。

一是“技术至上”陷阱。过度追求硬件性能或软件功能的堆砌，忽视用户真实场景中的体验逻辑。

二是“专业割裂”困局。工业设计（ID）、软件交互和视觉设计（UI）、用户研究和测试（UE）各自为战，导致软硬件体验割裂。

三是"静态思维"桎梏。将用户需求视为固定不变的终点，而非动态演化的起点。

本书以"三体共创"模式为破局密钥，提出了一套贯穿用户洞察、敏捷迭代与跨专业协作的完整方法论。无论是智能投影的沉浸式体验设计，还是个人云存储的极简交互创新，书中案例均印证了一个核心观点：唯有将用户置于设计流程的中心，让 ID、UI、UE 形成有机协同网络，才能在智能化时代真正创造"有温度的产品"。

## 二、"三体共创"模式的三大革新价值

1. 用户从"旁观者"到"共建者"的范式跃迁

传统设计中，用户往往仅在需求调研阶段被短暂"倾听"，而"三体共创"模式通过深度参与式设计（如工作坊、原型测试、场景模拟），将用户转化为设计流程的"合伙人"。例如，联想拯救者游戏鼠标的开发过程中，用户不仅参与需求调研，还直接参与 UI 界面的创意评审与功能迭代。这种"共情式设计"使产品从"满足需求"升级为"激发共鸣"。

2. 跨专业协作的化学反应

ID、UI、UE 的协同不再是简单的流程拼接，而是通过"双周迭代会""场景沙盒"等机制形成知识共享与创意碰撞的生态。书中案例显示，这种协作能显著降低开发成本：某智能投影仪通过早期 ID 与 UI 的协同设计，避免了后期硬件与软件界面

适配的70%返工量。更关键的是，三者从“功能交付者”转变为“体验架构师”，共同构建起“硬件—软件—服务”的无缝体验链。

3. 敏捷响应用户价值的动态进化

在快速变化的智能市场中，“三体共创”模式通过“最小可行性原型”与“数据驱动优化”，实现了用户价值的实时反馈与产品迭代的闭环。例如，个人云存储产品通过持续的用户行为分析与A/B测试，将功能迭代周期从季度级压缩至两周级，精准捕捉用户从“功能需求”到“情感需求”的跃迁。

## 三、未来已来：从“产品体验”到“生态体验”

本书并未止步于方法论的阐述，而是以“全链路体验创新”为终章，揭示了智能化时代的终极命题：如何构建跨越物理空间、数字界面与社会关系的体验生态系统。书中对“会议大屏”“口红电源”等案例的分析表明，未来的竞争将围绕“场景颗粒度”与“情感连接强度”展开。

作者团队敏锐地指出，“三体共创”模式不仅是设计工具，更是组织能力的重塑——它要求企业打破部门壁垒，建立以用户旅程为中心的敏捷架构。这一洞见与全球顶尖咨询机构Gartner提出的“体验驱动型组织”战略不谋而合，彰显了本书的前瞻性与实践价值。

## 四、推荐给每一位"体验觉醒者"

无论是初入行的设计师、寻求转型的产品经理，还是希望突破创新瓶颈的企业决策者，本书都将为你提供清晰的行动指南：

- 设计师，学会用"用户旅程地图"替代功能清单，用"场景故事板"激活设计灵感；
- 管理者，理解"体验投资回报率"的计算逻辑，将用户体验纳入战略决策框架；
- 创业者，掌握"最小体验单元"方法，用低成本验证高价值创意。

在这个"体验即货币"的时代，《智能时代体验设计："三体共创"模式实战手册》不仅是一本方法论手册，更是一盏照亮前行之路的明灯。它告诉我们：真正的创新，永远始于对用户的深度共情，成于跨专业的智慧共振，终于对人性需求的永恒敬畏。

是为序。

**阿不力克木·阿不力米提**

联想集团副总裁

# 推 介

**推荐语** 1：

体验设计正从传统的人机交互范式，进化为连接物质与精神世界的价值纽带，即通过系统性设计思维，在物理与数字的融合中创造情感共鸣，成为重构人类生存方式的底层逻辑。作者以其商业实践和独特视角，为设计师提供了洞察用户需求的创新指南。

**陈东亮**

中国设计红星奖创始人

中国工业设计协会特邀副会长

**推荐语** 2：

在智能技术重构商业生态的今天，《智能时代体验设计："三体共创"模式实战手册》恰逢其时地为行业在产品体验打造上带来系统性解法。本书开创性地提出"ID-UI-UE 三体共创"方法论，通过跨职能协同将用户体验转化为商业价值闭环，这正是智能化转型中企业最需要的实战指南。作者团队沉淀七年的一线案例，既展现了设计思维与商业目标的深度耦合，更构建出可复制的多专业协同框架。无论是智能化转型的操盘手、产品创新负责人，还是追求体验升级的管理者，都能从中获得打破团队壁垒、构建极致产品体验的关键密钥。

**张　华**

联想集团高级副总裁

**推荐语 3：**

我在客户体验管理咨询领域探索了近 20 年，看到很多产品经理被这些问题困扰：如何真实地发掘客户需求，如何能够快速地领悟到新技术给产品带来的新机会，如何推动企业内部协同。杨润的这本书创新性地提出"三体共创"模式，强调用户参与和跨学科协作，为企业在智能化时代设计卓越产品提供了新的视角和方法。无论是设计师、产品经理，还是对创新感兴趣的读者，都能从中获得启发和实用指导。

**邢　焱**

北京鹅鹕管理咨询有限公司总经理及首席咨询师

**推荐语 4：**

这是具有前瞻性和实用性的设计指南，本书深入探讨了在智能化时代企业如何通过"三体共创"模式打造出具有极致体验的产品。本书能帮助设计团队应对快速变化的市场需求和技术挑战。无论是设计师、产品经理，还是企业管理者，都能从中获得宝贵的洞见和实践方法，推动产品创新与用户体验的持续优化。

**胡　晓**

国际体验设计委员会（IXDC）主席

广东省未来设计研究院院长

# 前　言

在当今这个科技日新月异的时代，智能化已经渗透到我们生活的每一个角落。从智能手机到智能家居，从智能穿戴设备到智能汽车，再到智能机器人，智能化产品不仅改变了我们的生活方式，也重塑了我们对产品的期望。

在这一背景下，用户对产品的需求和期望发生了巨大的变化。他们不再满足于传统的功能型产品，而是追求更加智能、便捷、个性化的体验。在这个过程中，产品不再仅仅是功能的堆砌，而是要为用户提供更加智能、便捷、个性化的体验，要将硬件的体验和软件的体验高度融合为一个整体。这也正是我撰写本书的初衷——探索智能化时代下如何通过创新设计提升产品体验。

本书的核心理念来自7年来我在智能产品用户体验和设计创新上的思考、实践和总结，包括在部分专业论坛中的演讲和分享内容。

在书中，我提出了“三体共创”模式。“三体共创”指代的是智能产品设计过程中的三个关键专业：工业设计（ID）、软件交互和视觉设计（UI）、用户研究和测试（UE）。这三个专业在创新设计过程中紧密协同、相互融合，就像天文学中三体相互引力作用或化学中三体聚合反应后的结合产物一样，共同催化出极致体验的产品。数字化时代，产品功能越发复杂，工业设计需要与软件交互和视觉设计协同工作，使实体设计更好地融入数字界面，提升整体设计品质。而用户研究和测试通过深入了解用户需求和行为，为设计团队提供更精准的反馈，使设计更贴近用户实际需求。通过这种模式，我们可以更好地理解用户需求，提升产品软硬件结合的用户体验。

本书的内容不仅基于理论研究，更源于大量的实际项目经验和案例分析。希望通过这些真实的案例，读者能更加直观地感受到智能化时代产品设计的魅力以及经受的挑战；也希望这些案例能够给读者带来一些启发和思考，帮助专业人士在设计和用户体验相关工作中应用这些理念和方法获得更多的成果。

本书第一章和第二章探讨"好的产品"的定义以及提供"好的产品"企业所面临的挑战。通过对不同时代产品特点的分析，明确用户需求的变化以及设计专业协同的重要性。

在第三章和第四章中，提出"基于用户场景和用户参与来了解用户需求"的观点，并通过三体协同共创革新设计协作方式，有效帮助设计师应对智能化时代的挑战，为用户提供卓越的产品体验。

第五章讲述如何在设计实践中融入用户场景与用户参与，通过"三体共创"的工作模式，实现从产品定义、设计、开发到上市和迭代的全过程协同，提升产品质量和用户满意度。

第六章和第七章聚焦实战与案例。实战案例包括不同需求和场景下的应用：既有软硬件结合的产品，也有纯软件产品；既有商用办公、教育、会议等场景下的产品，也有面向个人消费者的家用产品，以展示“三体共创”模式在不同项目中应用的实用性和灵活性。

第八章和第九章是总结与展望：总结消费和商用产品体验的异同，评估“三体共创”模式的适用性和应用效果，并提出改进方向；展望未来产品体验创新的趋势——从产品体验创新到全链路体验创新，强调设计与商业深度融合的重要性。

未来，我们将以数据驱动提升用户研究的深度和广度，加强创新能力的培养，并充分利用 AI 理念和工具赋能设计。我们期待，“三体共创”模式的不断发展和完善，能够为用户带来更加卓越的产品体验，推动整个行业的创新发展。

在撰写这本书的过程中，我得到了诸多同事、朋友和家人的支持。他们在我遇到困难和挑战时，给予我鼓励和中肯的建议，让我能够在繁忙的工作中坚持下来，完成这本书。特别感谢团队中的孙岷和徐浩雪，帮助我进行整理、补充和校对的工作。感谢团队的所有成员，提供了实践案例中的丰富素材。

我希望这本书能够为读者带来新的思考和启发，帮助从业者在智能化时代的产品设计领域中找到自己的方向和价值。同时，我也期待与同行一起，共同探索智能化时代产品设计的未来，为用户创造更加美好的产品体验。

在这本书撰写和出版的过程中，人工智能迎来了爆发时刻，智能机器人领域对产品软硬件结合的设计创新提出了新的要求。我相信，书中的内容可以为读者带来些许启发和思考。

最后，愿这本书能成为我的团队成员们的共同记忆。在过去的岁月里，我们并肩同行，大胆探索，取得了专业领域里其他团队难以达到的成果。

感谢大家！

**杨　润**

# 目 录

# 第一章

# 智能化时代下什么是好的产品

在智能化时代的浪潮下，企业在产品设计与开发中面临着前所未有的挑战。在最新 AI 人工智能、大数据、物联网等技术的冲击下，企业必须回答一个关键问题——智能化时代下什么是好的产品？在过去，技术的飞速发展不断改变着人们的生活方式和消费习惯，用户的需求和期望也随之变化。用户从满足于简单的功能性产品，到更加重视产品的个性化、智能化和整体体验。这种变化使得用户对“好的产品”的定义也在不断演变，从过去强调产品功能的完备性和性能的卓越性，到更加强调为用户提供愉悦的、无缝的整体化智能化服务。而如今，在最新技术的冲击下，用户对产品的需求和期望是否又有了新的变化？“好的产品”的定义是否又发生了变化？这些问题对企业的产品体验设计提出了更高的要求，也促使企业重新思考如何更好地进行产品设计。

## 体验的演变

为深入剖析这一多维互动的历史脉络，我们将回溯人类社会设计发展史上的几个标志性时期：手工艺时代、工业化时代及信息化时代。通过剖析这些时期的社会发展特点、用户需求变化及产品特点演变，揭示产品体验的升级与社会技术进步之间的内在逻辑与相互作用机制。

### 手工艺时代——自然与技艺的融合

在手工艺时代，商品主要是通过小规模的作坊或家庭手工生产的，往往依赖于工匠师傅长时间的学习和实践，他们掌握特定的技艺后，通过手工劳动将原材料一步步处理加工制作为成品。在手工艺时代，由于每位工匠的技术水平与个人风格都不一样，生产出来的每件商品也都具有高度的个性化与独特性。因此，该时代的用户需求聚焦于能满足基本需求并具备较长使用寿命的实用商品上，如结实的农具、耐用的厨房用品，以及便于握持和操作的手工工具等。此外，他们对产品外观上的审美需求往往更加朴素而直接，主要是在符合当地文化习俗的基础上，产品外观具备一定的装饰和设计元素。

综上所述，在手工艺时代，产品设计更加关注的是产品的实用性及符合文化习俗的简单装饰。

### 工业化时代——标准化和规模化的兴起

工业化时代，机械化和标准化生产兴起，大规模流水线作业成为主流，生产效率大幅提高，商品标准化、批量化、全球化供应链逐步形成。在工业化时代的商品设计过程中，形成了产品设计师与工程师的明确分工，"工业设计"（industrial design，ID）

作为独立的岗位逐渐出现在企业中。这个时代的产品设计往往侧重于技术的稳定性与可靠性，旨在通过规模化生产降低成本与商品价格，以便提高商品的市场竞争力。企业趋于提供质量稳定、功能单一的产品，以满足大众市场的基本需求为主。

随着生产力的提升与物质生活的丰富，用户需求逐渐从满足基本的生活与生产需求向更高层次的便捷性、舒适性转变。人们渴望通过具备新兴技术的产品减轻劳动负担，提高生活质量。具体表现为人们对交通工具（如汽车）、通信工具（如电话）、娱乐设备（如电视机、照相机）等的需求激增。这些需求不仅强调产品的实用性与功能性，还强调产品的便捷性、可靠性及使用过程中的舒适体验。

### 信息化时代——产品与服务的融合

20 世纪 90 年代，个人计算机逐渐大规模普及，人们开始习惯通过计算机开展日常工作。随着互联网的发展、电子商务的出现及手机的更新迭代，软件的用户体验设计越发受到重视，用户研究与界面设计作为独立岗位出现在企业中。21 世纪初，数字化产品和服务的兴起及互联网的普及，促使越来越多的传统制造类企业意识到精准定位用户需求及进行定制化生产成为可能。走近用户，关注用户反馈，将产品与服务结合提供综合解决方案，正成为产品的关键竞争优势。2001 年苹果公司推出的 iPod，正是结合了产品及数字音乐生态服务，不仅成为当时最受欢迎的便携音乐播放器之一，还为苹果公司带来巨大品牌效应。产品与服务的融合成为商业发展的重要趋势。

在信息化时代背景下，用户不再仅仅期待能够满足基本需求的实用商品，而是开始期望拥有集多种服务、多种功能于一体的产品，如接打电话、接发短信、拍照、上网等功能于一体的手机。由于信息量的急剧增加，用户也对产品的易用性提出更高的要求，产品需要在功能多样的同时在使用方面也保持简便友好、易于上手的特征。同时，用户对产品的个性化需求日益增强。信息技术的发展推动了产品个性化的实现，用户不仅可以根据个人喜好调整产品的外观和功能，还能够享受更具个性化的服务。

智能化时代——个性化与智能化服务的新时代

在智能化时代，商品的生产和服务融合了人工智能、物联网和大数据等技术，进一步推动了生产和生活的智能化进程。20世纪末到21世纪初，随着智能设备如智能手机、智能家居设备和可穿戴设备等产品的逐渐普及，用户对于产品拥有自适应能力并能更便捷、更自动化地完成任务有了更高的期待。这促使企业在这一时代不仅专注于产品的功能性、便捷性等性能，而且注重用户体验和服务质量，旨在提供个性化和情感化的服务以更好地满足用户需求。企业更加精准定位用户需求并提供产品和服务为大势所趋，也驱动自身开展更精细化的用户研究，深度挖掘用户需求，为用户提供更加智能化、个性化的产品和服务。企业必须重新构建价值链和业务模式，以提升运营效率、用户体验和服务质量，使自身适应新的市场环境和消费者需求。

在智能化时代，用户对产品的期望不再仅停留在功能完备和性能卓越上，而是更加强调产品的个性化、智能化提供给用户的无缝的、愉悦的整体体验。

在个性化上，用户希望产品能够根据个人偏好和使用习惯进行定制和优化。无论是智能手机、智能家居设备，还是软件应用，用户都期望这些产品能够满足他们的需求，提供个性化的推荐和服务。

在智能化上，基于AI和机器学习技术，产品能够变得更加聪明，能够预测用户的需求，提供智能化的解决方案。例如，智能语音助手可以理解并执行用户的语音命令，智能家居设备可以根据用户的日常作息自动调节环境设置。

整体体验更加强调产品在各个接触点的一致性和连贯性。例如，智能家居系统可以根据用户的生活习惯自动调节室内温度、灯光和安全监控；智能手机不仅能够提供通信服务，还能通过AI助手实现语音识别、个性化推荐和情感分析等功能，极大方便了用户的日常生活。整体体验也不局限于产品本身设计，还包括售前、售后服务，甚至品牌的整体形象和价值观。因此，“好产品”的定义在智能化时代得到极大的扩展和深化。它不再仅是一个功能强大的工具，而是一个能够理解和响应用户需求，提供个性化、智能化和整体愉悦体验的综合体。

企业在智能化时代需要通过技术创新和服务优化不断提升用户体验满意度，满足用户多样化和个性化的需求。基于智能技术和个性化服务的融合，智能化时代的产品不仅为用户提供了更高的价值，也推动了社会和经济的全面发展。

## 智能化时代下的"好产品"

从手工艺时代到智能化时代，每个时代下用户的期待和对"好产品"的定义都发生了显著变化。在手工艺时代，用户对"好产品"的定义主要集中在满足基本需求和使用寿命长的实用商品上，强调个性化和工匠技艺的独特性。进入工业化时代，技术的进步使得产品生产机械化和标准化，用户对"好产品"的期待则转向了功能稳定性和大规模生产带来的便捷性和舒适性。在信息化时代，产品与服务的融合使得用户期望产品具备多样化的功能或者服务具有易用性和个性化。在智能化时代，用户的期待和"好产品"的定义进一步变化。该时代的用户更加重视产品的智能化和个性化，期望产品能够提供愉悦的、无缝的整体体验。智能化时代下的"好产品"的特点体现在以下三个方面。

### 软硬结合

随着科技的不断发展，产品功能和体验开始向软硬件结合的方向发展。智能手表是现代科技与传统手表的结合体，通过软硬件的紧密配合，为用户带来了前所未有的便捷与智能体验。

在硬件方面，智能手表通常配备了触摸屏、心率传感器、加速度计、陀螺仪、GPS 模块等。高分辨率的触摸屏使得用户能够清晰地查看时间、日期、天气等信息，并进行各种操作。心率传感器能够实时监测用户的心率变化，为健康管理提供数据支持。加速度计和陀螺仪能够感知用户的运动状态，实现计步、跑步等运动数据的记录与分析。智能手表中的GPS模块能够精准定位用户的位置，为导航和户外运动提供便利。

软件方面，智能手表搭载了先进的操作系统和丰富的应用程序。操作系统为手表提供了稳定、流畅的运行环境，支持各种应用程序的下载和安装。应用程序则涵盖了健康管理、运动记录、支付、信息提醒等多个功能。例如，健康管理功能能够实时提供用户的心率、睡眠质量等数据，并提出相应的健康建议；运动记录功能能够记录用户的运动轨迹、消耗的卡路里等数据，帮助用户更好地规划运动；支付功能则让用户在购物时无须掏出手机，轻轻一抬手腕即可完成支付；信息提醒功能能够实时推送来自手机的各种信息，如来电、短信、社交媒体通知等，让用户不会错过任何重要信息。

### 多向互联

对智能化产品而言，产品与产品、产品与用户之间的互联变得越来越重要。这种互联不仅体现在功能的多样性和复杂性上，也体现在用户体验的个性化、定制化上。例如，智能音箱作为智能家居生态中的核心设备之一，正逐步从单一的音频播放工具转变为集控制、娱乐、服务于一体的智能交互平台。借助内置的语音识别、网络通信及先进的软件技术，智能音箱实现了与多种设备、用户及外部服务的深度互联，为用户带来便捷的智能家居体验。

通过Wi-Fi或蓝牙等无线通信技术，智能音箱可以轻松控制家中的智能灯泡、智能插座、智能空调等设备，实现语音开关、亮度调节、温度设定等操作。同时，智能音箱与用户的互联也变得更加紧密。用户只需通过简单的语音指令，就能与智能音箱互动，实现查询天气、播放音乐、设定闹钟、提醒日程等操作。智能音箱能够根据用户的语音习惯和偏好，进行个性化的设置和优化，如调整音量、改变音色、推荐音乐等，从而提供更加贴心、个性化的服务。

由于产品功能和用户体验的复杂性，不同的产品、不同的用户之间形成了许多交叠的链路。这些链路的形成，既反映了现代社会的复杂性，也为未来的产品设计和用户体验提供了新的思路。例如，在智能家居系统中，不同的家电设备之间会形成交叠的链路。这些链路可以协调各个设备的工作，提高整个系统的效率；同时，用户可以根据自己的需求，调整链路的工作方式，提高生活的舒适度和便利性。

情感导向

智能化时代的产品将不再局限于功能本身，而是注重用户在整个使用过程中的体验，包括情感、文化和社会价值等方面的满足。人们想要一种能够体现自身价值观，能够丰富自己生活的产品。它可以完善人的体验，带来愉悦的感受。单一的造型、技术、服务难以满足用户的综合性需求。通过产品，用户想要的是一种生活，甚至，引起人们关注的并不是产品本身，而是它们发生和引起注意力的方式。

人们购买鲜花，不仅是出于鲜花的装饰功能或观赏鲜花的需求，更多的是追求一种情感上的满足和体验。例如，在特殊的日子如情人节、母亲节或生日时，人们会选择送花来表达爱意、感激或祝福。虽然鲜花本身并没有更多的使用价值，但其所承载的情感价值是无法估量的。鲜花的色彩、香气和形态都能引发人们的情感共鸣。红玫瑰代表爱情，康乃馨象征母爱，百合寓意纯洁，每一种花都有其独特的情感寓意。当人们收到这些美丽的花朵时，会感受到送花者的心意和情感，这种体验是物质产品无法替代的。因此，人们购买鲜花不仅是基于鲜花的外观或价格，更多的是基于鲜花带来的情感满足和体验。

评价产品时，用户通常综合考虑产品的美感、心理感受和社交属性。美感是用户对于产品外观和设计的直观感受，也是影响用户第一印象的重要因素。心理感受是用户在使用产品过程中获得的情感体验，包括操作便捷性、使用舒适度等。社交属性是用户在使用产品过程中获得的社交价值。

现代社会的消费者越来越注重个性化和情感化需求的满足感。因此，一个优秀的产品不仅需要具备丰富的功能和高质量的性能，还需要满足用户的使用体验和情感需求。例如，一款受到用户喜爱的产品需要有美观的外观和简洁的操作界面，还需要为用户带来愉悦的心理感受和满足感。此外，产品的社交属性也不容忽视，能够让用户在使用产品过程中获得更多的社交价值将成为产品的重要竞争优势。

综上所述，在智能化时代，产品的设计不仅要关注产品的功能性，还需要充分考虑用户的个性化需求、智能化体验及情感导向。这些特点对软硬件产品的研发设计团队提出了更高的要求。这些要求不仅需要研发设计团队及时满足快速变化的用户需求，还要求三方设计岗位（ID、UI、UE）之间的密切协作。然而，在智能化时代，各专业均面临着严峻的挑战，亟须提出新的框架来支持企业的产品设计和研发。下文将详细探讨智能化时代下用户面临的挑战，包括不同设计岗位的具体挑战，以及在协同工作中遇到的问题。这将为产品研发和设计提供解决方案和改进思路，以帮助企业应对这一新兴时代带来的复杂需求和变化。

# 第二章

# 智能化时代下提供好的产品面临的挑战

第一章明确了什么是智能化时代下好的产品体验，好的产品体验离不开对用户的了解。一方面，尽管用户研究和数据分析技术日益先进，但如何真正深入了解用户的真实需求和痛点仍然是一个巨大挑战，而且用户需求常常是隐性复杂的，我们力图以一种能满足智能化时代需求的方式走近用户、了解用户。另一方面，智能化时代下不同专业在设计实现上以及跨专业协作中又会处于独特的困境和面临新的挑战。如何让设计专业间协作提供时代性的产品体验也成为企业必须解决的难题。接下来将针对上述两个问题展开探讨，希望能够给予企业设计团队管理者一些启发，帮助他们在智能化时代创造出真正符合用户需求的优质产品和卓越体验。

## 用户需求的快速变化

进入智能化时代，随着信息技术的飞速发展和商业模式的深刻变革，用户行为模式和需求展现出前所未有的个性化和复杂性特征，这一趋势为企业或品牌提供优秀的产品体验带来了挑战。

场景多元化造成用户需求复杂化

常见的使用场景包括但不限于家庭、办公、娱乐、出行等，在智能化时代它们不是孤立的，而是基于智能化设备和服务实现了无缝连接与融合。用户在这些场景中的行为和需求呈现高度的连贯性和互补性。例如，随着现代办公模式的多样化，个人办公环境已不再局限于传统的固定工位。从远程协作的云端空间，到居家办公的温馨角落，再到差旅途中的临时站点，每一种场景都促进了混合办公模式的普及。传统的办公设备通常强调专业性和功能强大，但往往不能兼顾便携、高效、舒适等新的需求，因此给用户体验造成一定的困扰。

智能化时代的用户需求还呈现多维度交织的特点。用户需求不再是单一的功能性需求，而是融合了功能性、情感性、社交性等维度。例如，用户要购买一款智能手表，不仅关注智能手表计步、心率监测等基础功能，还希望智能手表能够提供个性化的表盘设计、与手机无缝连接、参与社交活动等多元化体验。

面对使用场景多元化且多维度交织的复杂用户需求时，传统用户研究方法往往基于历史数据或样本调研，难以实时、全面地捕捉用户需求的细微变化与突发需求。这要求产品提供者必须拥有高效的数据收集与分析能力，以及敏锐的市场洞察力，以应对需求的快速迭代与复杂性。

标准化产品与用户个性化需求之间的矛盾

在智能化时代背景下，产品体验与用户个性化需求之间的精准匹配成为产品设计领域的挑战之一。随着个性化消费趋势的兴起，消费者不再满足于市场上标准化的产品，而是追求能够深刻反映其独特身份、偏好及情感需求的定制化体验。因为每位用户都是独一无二的，不同用户的需求偏好、使用场景及情感需求均存在显著差异。相应地，产品体验也需要实现高度定制化，以满足用户个性化的需求。

个性化和定制化体验通常意味着设计开发模式的灵活性和响应速度需要大幅提升，还要建立实时反馈机制，通过数据洞察和分析，对用户需求进行精准预测和动态调整，不断优化产品设计和开发流程，以快速响应市场变化和用户需求。这些都对设计师和用户研究人员的能力和协同模式提出了更高要求。

对于用户体验内涵的深刻理解

追求卓越的用户体验是产品设计的核心要素，但在智能化时代，用户体验的内涵变得更加丰富与抽象，涵盖了功能实用性、情感共鸣、社会认同等层面。这种趋势要求设计者不仅要关注产品的实用性，更要深入探索产品的愉悦性和社会意义。用户体验的抽象化还体现在其难以直接量化评估的特质上，如情感共鸣、品牌忠诚度等，这些非物质层面的体验对用户的长期满意度和忠诚度具有深远影响。

传统用户研究方法往往基于单一学科的研究视角，侧重于功能评估与满意度调查，难以深入洞察用户在使用过程中的真实感受与潜在需求。传统用户研究方法如问卷调查、访谈等，往往需要较长时间来收集、整理和分析数据，这导致研究结果可能滞后于用户需求的变化。

总之，在智能化时代，用户体验的优化与创新成为企业竞争力的关键。企业需要建立以用户为中心的设计思维，将用户体验贯穿于产品开发的全生命周期，通过持续迭代与快速反馈机制，不断优化产品功能、提升用户体验。同时，企业还应关注新兴技术的发展趋势，积极探索新技术在用户体验创新中的应用潜力，以创新驱动用户体验的持续提升。

因此，在智能时代下，企业打造卓越产品的关键，就是为用户提供能够真正满足实际需求的产品体验，就需要对设计和用户研究方法进行创新和改进。例如，多学科融合的研究方法，可以为用户研究提供更加全面、深入的视角和工具；引导用户直接参与设计开发，能够带来更加真实和深入的反馈，为设计提供宝贵的创意和灵感。下文将就当前洞察用户需求的困境提出策略与方法，详细阐述如何更加准确快速地洞察用户需求。

## 设计专业间协同的挑战

智能化时代对不同设计专业都提出了新的能力要求，以及用户的期待和“好产品”定义的进一步演变，如何让设计专业间协作适配以便提供时代性的产品体验成为企业设计团队管理者们亟须解决的问题。

手工艺时代往往依赖于个人工匠的产品设计生产方式，工业化时代投产成本高的大批量机械生产下开始进行产品设计与生产开发的分工。这一时期，出现了许多担任产品设计工作的工业设计师（Industrial Designer，ID），他们凭借训练、技术知识、经验及视觉感受，赋予材料、结构、形态、色彩、表面装饰以新的品质和规格，为市场打造了众多实用、经济、美观的商品。

进入信息化时代，随着计算机技术的不断成熟和移动互联网的应用与普及，工业设计师的职责和分工也从针对实体的硬件产品设计扩展到网页、应用程序等软件产品。颠覆了当时人们了解外部信息方式的谷歌、百度等搜索引擎，全新网络社区的 Facebook、YouTube、微信，创造了全新的网上购物体验的亚马逊、淘宝网等平台的出现与发展，带动了企业对软件用户体验的重视，用户研究和测试人员（UE，User Experience）与软件交互和视觉设计师（UI，User Interface）开始在企业作为独立的岗位逐渐出现，在设计环节就重视和完善用户在使用软件产品时的体验。

### 不同设计专业的挑战

进入智能化时代以来，随着技术及产品的成熟，用户对产品个性化、智能化以及希望硬件产品能与软件服务相结合来提供愉悦的、无缝的整体体验提出了更高的要求。这使设计和用户体验从业人员在企业产品设计开发环节就要面对更大的挑战。

智能化时代，在产品设计开发过程中，相关专业的划分仍然相对独立，各专业各司其职。例如，ID 主要负责产品的形态、结构、材料、色彩等方面的设计，确保产品既美观又实用；UI 关注产品与用户之间的交互方式，包括界面设计、交互流程、用户体验等；UE 通过问卷调查、访谈、观察等方法收集用户数据，分析用户需求和行为模式，并在产品开发的不同阶段，邀请目标用户试用产品，收集反馈意见，以便及时发现问题和解决问题。

对 ID 来说，他们需要在技术快速迭代、平衡设备的外观结构和用户交互体验的挑战中，创造出既功能强大又美观环保的智能设备。在新时代技术下，工业设计师不仅需要不断学习与适应新材料新技术以应用到产品设计中，持续创新打造实用、经济、美观的产品保持竞争力，而且需要及时了解对应用户群体的需求与审美喜好，考虑如何设计出满足个性化、情感化的产品方案。除此之外，对于集成智能软件服务的产品，工业设计师还需要整体考虑用户在不同产品使用场景下的每个触点，将硬件产品与软件服务恰如其分地融合，以保障合适流畅的用户端使用体验。

对 UI 来说，首先，他们同样面临新技术及智能设备在多场景下为用户提供合适交互方式的挑战。一方面，智能化设备种类增加，品种繁多，从智能手机、平板到可穿戴设备和智能家居，每种设备的屏幕尺寸、分辨率、交互方式都不尽相同，设计师需要面对在不同设备上保持一致性和适应性的挑战；另一方面，语音助手、手势识别、面部识别等新的交互方式逐渐普及，设计师需要考虑将这些新技术有效融入软件交互和视觉设计中，同时确保用户能够轻松使用并获得良好的体验。这些新的交互方式对传统的软件交互提出了挑战。其次，在用户体验维度，软件交互和视觉设计师同样需要考虑满足用户对个性化体验的期待，在软件交互和视觉设计中整合能洞察用户使用软件的行为数据，确保每位用户都能获得满足其需求的界面。最后，设计智能设备的用户界面时，设计师还需要考虑用户情景下所适合的输入方式（如触摸、语音、手势）和界面适应性，以及与其他平台或设备无缝连接和协同工作时的兼容性，确保用户在不同设备间切换时界面体验不受影响。这些促使设计师在项目的早期阶段就要深入考虑多样化设备形态、新兴交互方式、用户个性化需求及环境的适应性等多重挑战，确保智能设备的用户界面既直观又高效。

对 UE 来说，在智能化时代的智能设备生产中，他们不仅需要具备传统的用户研究技能，还需要了解智能技术的发展，具有跨领域的知识和敏锐的市场洞察力等。面对发展迅速的智能设备技术，新技术（如人工智能、物联网等）的不断涌现使得用户需求和行为模式也在快速变化。UE 必须紧跟技术发展，及时调整研究方法，保持研究的前瞻性和适应性。首先，因为智能设备可能融入用户的日常生活中，研究人员如何设计有效的用户研究方法来获得真实的用户使用体验数据或者真实用户反馈可能是一项挑战。其次，智能设备种类繁多，被应用的场景可能非常丰富（如家庭、工作、户外等），不同设备、不同场景或者不同地域和文化背景下的用户习惯和期望可能导致极大差异，UE 能够理解和分析不同用户群体的多样需求，提炼共性并将其转化为适应多场景、多用户的具体的产品功能和设计，也是当前时代的一项挑战。

总的来说，设计和用户体验从业人员实际上都面临着以下挑战。

➲ 技术更新频繁及复杂性增加

随着智能技术的不断发展，产品所涉及的技术越来越复杂，设计师必须紧跟技术发展，及时调整研究思路或者设计方法，保持前瞻性和适应性。例如，人工智能 AI 的爆火，使得设计师能够更加高效地创作和实现设计作品，同时也对设计师的创新能力提出新的挑战。这种复杂性要求设计和用户体验从业者具备一定的跨学科知识和技能，确保他们可以理解和利用最新的技术趋势，并和技术人员保持顺畅沟通和有效合作，将用户需求转化为产品的实际功能。

➲ 理解个性化与多元化的用户需求

在智能化时代，用户对产品的需求不再是单一维度的，而是表现出功能性与情感性需求的多维度交织。智能产品的使用场景日益多元化，用户在使用过程中的体验也更加个性化。设计师不仅需要捕捉和分析用户在使用产品时的细微感受，还要能够实时全面地理解并回应这些需求。这种对用户需求的深度理解，是打造真正符合用户期望的智能产品的关键。

➲ 协作产出无缝流畅的产品体验

智能产品设计的一个核心目标是为用户提供无缝且流畅的使用体验。这要求设计与用户体验从业者不仅在自己的领域内精益求精，还需要与开发团队、市场团队、产品管理团队等紧密协作。在这个过程中，有效协调各方的需求与目标，平衡设计创意与技术可行性，最终做出用户满意的产品，是每位设计师都要面对的重要挑战。通过团队之间的高效协作，设计与用户体验从业者能够确保每一个产品细节都是精心打磨的，从而为用户带来卓越的使用体验。

为了有效应对上述挑战，设计和用户体验从业人员必须意识到，这些问题的解决不仅依赖于个人能力的提升，而且需要通过专业协作的方式来共同应对。个人难以全面掌握不断更新的技术、充分理解多样化的用户需求，或独自打造出无缝流畅的产品体验。因此，企业团队必须开展跨学科、跨部门的协作，充分发挥每位团队成员的专业优势，实现知识和技能的共享。

### 设计专业协同的挑战

在以往的设计项目执行过程中，专业间的沟通与协作有待加强，这在一定程度上影响了项目信息的透明度，以及产品软硬件体验的连贯性。

其中，ID 主要关注产品的外观、结构和实用性，注重打磨产品的美感，但在功能层面上与软件设计和用户研究的协同较少。这造成的结果是，一些产品虽然在外观设计上极为出色，但在实际体验上存在缺陷。工业设计往往停留在表面美观的层面，未能有效深入探索和理解用户的实际需求与偏好。

UI 专注于数字界面的优化，关注用户与软件的交互方式。然而，在垂直划分的模式下，软件交互和视觉设计常常与工业设计脱节。数字界面和实体外观之间缺乏有效的沟通，导致产品在用户体验上存在断层。产品的数字界面可能优秀，但缺乏整体产品软硬件体验的一致性和连贯性。

UE 在过去主要在项目的首尾两端参与进来，其目的是验证产品的可行性和用户满意度。然而，由于与工业设计和软件交互和视觉设计的沟通相对滞后，用户研究反馈往往难以在项目早期阶段发挥实际作用。产品可能在用户手中产生不良体验，但这些问题通常需要在产品投放市场后才能被发现。

当前，技术不断发展。一方面，软硬件结合的智能产品越来越多，用户对软硬件一致性体验的要求也越来越高；另一方面，“以用户为中心”的概念日益深入人心，对用户需求的满足程度已成为产品能否在市场竞争中胜出的关键。在这样的趋势下，原有的、相对独立的专业分工模式已不能适应时代发展。下文将从用户对产品体验升级和企业对效率提升两方面的需求入手，分析这种垂直划分的设计协作流程模式正在面临的巨大挑战。

### ➲ 难以满足智能化时代下的用户需求及期望

在智能化时代，优秀的产品设计不仅需要满足基本功能性，还要注重多维度的用户需求，如行为习惯、情感体验，以及软硬件的一致性。此外，跨平台的连贯性和用户参与的机制也至关重要，以确保产品设计既实用又能给用户带来愉悦的体验。如何更好地满足用户需求，成为设计的核心。“以用户为中心”的理念深刻影响着设计实践，而当前用户对产品或服务的期望已超越了产品的基本功能，用户关注的不仅是“能否使用”，而是“如何使用得更好”，这都对设计工作的模式提出了新的要求。

一方面，当前协作模式需要依靠独立单一专业的设计师对用户的行为习惯、心理预期、情感需求、认知负荷等做出全面评估，但往往不同专业的设计师有其局限性，难以全盘多维度地考量用户体验。

另一方面，以软硬件结合为主的产品，依靠工程为主的产品经理分发任务到单独的软件和硬件设计师，再直接交接设计稿给下一环节的协作模式，这让设计端很难全面地理解和满足用户需求，也很难保障与协调软硬件体验及跨平台的一致性。而成功的智能产品，不仅需要保障软件和硬件的操作流程的一致性、设计风格的一致性，也需要保证产品整体使用体验的连贯性。满足以上条件的产品设计，才能真正地让用户在使用产品时感受到产品的顺畅和自然。除此之外，随着多设备、多平台的普及，设计师不仅需要了解不同平台的特点和限制，还需要对不同场景下的用户使用设计合适的操作流程，确保用户在任何设备上都能获得一致且流畅的体验。但这些要求，都容易给独立负责某一环节的设计师带来极大的负担。

因此，随着这些思考在多项设计案例上的实践，用户研究和测试（UE）这个岗业角色在产品生产协作中的重要性越发凸显，只有在设计环节中引入外部类似于用户的角色思考，对设计做出全面评估，才能确保设计既能满足用户的实用需求，又能给用户带来愉悦的情感体验。

此外，当前常见的设计协作流程越来越难以应对产品开发端“以用户为中心”的理念，只有通过设计前期更多引入用户调研、用户测试、用户共创等方式，越来越注重用户的参与和反馈，设计师才能够更深入地了解用户的真实需求，设计出更符合用户期望的产品或服务。因此，当前的设计协作流程亟须变革，加强用户研究专业在项目开发全过程中与设计的紧密结合，将使专业价值得到最大化的发挥。

➲ 难以应对企业对设计效率与创新的需求

面对快速变化的市场环境和用户需求，以往的设计模式往往流程固定、分工明确，但缺乏协作和灵活性且开发周期较长，难以满足企业对于智能产品的快速更新和迭代需求。一些沿用传统工作模式的设计团队，往往会在项目开发中遇到以下问题。

一是响应滞后与错失市场机遇。在快速变化的市场环境中，若设计模式未能进行必要的重构以提升其灵活性和敏捷性，将导致产品设计开发周期过长，对趋势变化的响应滞后。如果用户研究专业没有在项目启动初期就深度介入设计，将使得产品设计难以准确捕捉市场变化和用户需求。这种滞后性可能使企业错失关键的市场机遇，尤其是在竞争激烈的行业中，竞争对手会更快地推出符合市场需求的新产品，从而占据市场先机。

二是资源浪费与成本增加。各专业平行且独立的工作模式往往导致设计迭代周期长、资源重复配置。例如，UI 设计可能因未充分考虑产品硬件形态的物理限制而多次调整交互方案，或者用户反馈后期才被考虑，这些都增加了开发成本和时间成本，降低了项目的整体效率。此外，由于设计方案没有充分考虑用户需求，频繁更改或返工也会增加开发成本，降低项目的整体效益。

三是设计割裂与用户体验碎片化。由于缺乏跨专业的协同共创，产品设计过程中可能出现 ID 与 UI 设计脱节的现象，导致产品外观与交互逻辑不一致，用户体验碎片化。设计团队在缺乏统一标准和规范的情况下工作，造成软硬件设计方案缺乏必要的体验一致性。这种割裂的设计不仅降低了产品的整体美感，还可能导致用户操作不便，损害产品的用户满意度和忠诚度。

四是团队协作受阻与沟通不畅。传统独立工作模式加厚了专业领域间的知识壁垒，“知识孤岛”形成。ID、UI、UE 三者间缺乏有效沟通，导致软件和硬件的设计信息、用户需求反馈及技术进步信息在传递过程中失真或滞后，增加沟通成本和误解风险，影响项目整体决策的准确性和时效性。同时，缺乏有效的反馈机制将使设计团队难以及时发现问题和解决问题，影响产品的最终效果。

五是创新能力受限与竞争力下降。跨学科协同是激发创新思维的重要途径。通过快速迭代和持续优化，设计团队能够不断探索新的设计理念和解决方案，提升产品的创新性和竞争力。然而，如果缺乏协同工作环境，限制不同领域专业知识的交叉融合，难以产生跨界的创新解决方案，将导致设计团队陷入固化的思维模式和工作方式中，难以产生新的创意和突破。这将使企业在市场竞争中处于不利地位，难以保持领先地位或实现持续发展。

综上所述，智能化时代用户需求的快速变化要求企业不断提升产品设计开发的效率和能力。原有的各专业相对独立的设计模式由于缺乏协同性、效率低下、难以满足个性化需求及技术创新能力不足等，已经难以适应智能化时代企业对于效率提升的需求。只有转变设计模式，加强 ID、UI、UE 之间的协同合作，创新设计模式和协作工具，注重市场导向和用户体验，企业才能不断提升产品整体体验的创新性和竞争力。

# 第三章

# 用户参与式设计的理念和模式

第二章探讨了智能化时代下的企业想要研发具备市场竞争力的产品，应该让产品具备某些特点，同时提到当前智能化时代下，生成具备某些特点的产品离不开用户与设计专业的协作与配合。当前情况下，如何了解用户侧与设计专业如何协同都面临着各自的困境和难题。例如，如何更好应对快速变化的用户需求，如何在多元化场景下全面洞察用户真实需求与痛点，设计专业侧的协同如何才能设计出无缝流畅体验的产品，本章节将给出对应的解决方案。

深入了解用户的真实需求和痛点。一方面，场景多元化造成的用户需求复杂化；另一方面，用户体验的内涵变得更加丰富与抽象，涵盖了功能实用性、情感共鸣、社会认同等层面，难以从单一视角来满足。基于此，只有在设计实践中引导用户参与设计，才能真正为研发出满足用户需要的产品助力。

## 用户参与设计

用户参与设计，也称为“参与式设计”，相关的术语包括共同设计（Co-Design）、共同创造（Co-Creation）和共同体验（Co-Experience）等，核心在于用户作为自身体验的专家，成为开发过程中积极的合作伙伴，并促使项目发起人、多个团队和各相关方参与项目的整个生命周期。

用户参与设计的出发点就是使设计满足最终用户的利益，将用户引入设计过程中，设计不再只是由专职设计师完成。虽然设计师自身也是用户，但最优秀的设计师无法体会到用户的真实感受。设计出满足用户需求产品的最好办法就是让用户参与设计。用户根据自身周围的环境和感受，主动参与产品设计，更容易设计出使自身需求得到满足的产品。

用户参与设计不仅是改善设计师与用户之间关系的有效手段，也是激发设计师创意灵感的途径。此外，它还被视为确保设计在可用性和吸引力方面对用户产生积极影响的一种方式。①

从设计团队、产品和品牌三个维度来讲，用户参与设计有以下必要性。

① Lee, Y. Design Participation Tactics: Redefining User Participation in Design, in Friedman, K., Love, T., Côrte-Real, E. and Rust, C.(eds.), Wonderground - DRS International Conference 2006, 1-4 November, Lisbon, Portugal. https: //dl.designresearchsociety.org/drs-conference-papers/drs2006/researchpapers/60。

### 设计团队能够深刻理解用户场景需求，促进用户体验持续优化

在设计领域，设计团队常对特定场景中用户的行为、需求、情感等因素进行深入分析和理解，以便设计出更符合用户期望和需求的产品。

用户参与设计，一个显而易见的好处是能够有助于设计团队更为深入、周详地理解用户在不同场景下的需求。在不同产品使用场景中，使用这款产品的用户是谁？他们有什么特征？不同产品使用场景为他们带来怎样的感受？他们会面临什么问题或需求？这都是通过参与式设计，帮助团队以用户为中心，从用户场景出发理解用户在特定环境中的体验的表现而使最终产品更具吸引力和功能性。

相较于单纯依赖市场调研和冰冷的数据分析，直接与最终用户进行紧密而有意义的沟通，是一种更为全面的方式，能够帮助设计团队深刻洞悉用户的期望、面临的挑战及痛点。积极鼓励用户参与设计，设计团队在这一互动中汲取了更为直接、真实的反馈，不仅拓展了团队的洞察范围，而且帮助团队解构场景要素，构建目标场景，洞察客观场景下的用户需求痛点，构建价值愿景与产品设计策略，完成场景产品化设计实践。这种亲身经历用户体验的机会，赋予设计者更为直观和深入的理解，使得设计团队能够更准确地把握用户的期望，并在产品设计的蓝图中有针对性地铺就前进之路。

这种直接用户互动不仅是信息的单向传递，更是一场共创的

过程。因此，用户参与不只是单纯收集反馈的过程，更是一种深化设计理解、增强产品与用户连接的战略性途径。这样的互动丰富了设计过程，将设计团队与用户之间的关系推向更为紧密、互信的层次，为最终呈现更贴近用户期望、深具吸引力的产品提供了坚实的基础。

以日益普遍的混合办公场景为例，随着个人会议和小型会议召开频率的增多，个人办公环境已不再局限于传统的固定工位，家中书房、咖啡厅、高铁候车大厅都有可能成为临时办公地点。每一个场景都蕴含着用户对高效、便捷与舒适办公的迫切需求。基于多元化个人办公场景的梳理，我们设计开发了Thinkplus Pocket Plus 口袋会议全向麦，将个人化、消费化的设计风格融入这款办公设备，创新的小飞碟造型使得握持手感舒适，配合高精度硬件设计，使其仅有名片盒大小，适配大部分口袋形状，成为真正的“口袋发言人”，使得用户对麦克的更加流畅性、高效性和便捷性有了全新的体验。令人惊讶的是，这些巧妙的设计不是依靠设计师的突发灵感，而是基于用户参与，设计团队对用户场景的洞察而提取出用户需求。

用户体验不是一成不变的，它随着用户需求的变化和技术的进步不断演进。用户参与设计过程不仅帮助团队了解当前用户的期望，还可以为未来产品发展提供方向。通过建立持续的用户反馈机制，设计团队可以及时了解用户的变化需求，并在产品的后续版本中进行相应的优化和调整。例如，特斯拉在汽车设计中吸引大量用户参与，不断收集用户反馈和数据，特斯拉设计团队理解了用户对电动汽车驾驶体验、科技感及充电便利性等方面的需求。这种持续的用户参与有助于特斯拉开发出更符合用户期望的汽车产品，并不断改进用户体验。

### 提高产品的可用性和易用性，降低产品开发风险

用户参与设计过程可以帮助设计团队更好地了解用户的习惯和偏好，设计出更符合用户习惯的界面和操作流程。用户熟悉的设计元素和操作方式将大大提高产品的可用性和易用性，能够使用户更加轻松地上手并愿意长时间地使用产品。

在没有用户参与的情况下，产品设计可能受到内部偏见和假设的影响，导致产品与实际用户需求脱节。当用户参与设计，这些问题可以及早发现并纠正，降低产品开发的风险。通过与用户的紧密合作，设计团队可以在产品推向市场前识别和解决潜在的问题，提高产品的成功率。

在线社交平台 Facebook 在其发展初期通过与学生用户的紧密合作，不断调整和改进产品功能和界面设计。这种持续的用户参与使得 Facebook 能够快速适应用户的需求，并在竞争激烈的市场中立足。由于早期的用户参与，Facebook 避免了许多潜在的设计偏差和功能错误，降低了产品开发的风险，提高了成功率。

### 提高用户满意度和忠诚度，促成用户与品牌的情感连接

用户参与设计过程，意味着用户的声音被听到和尊重。当用户发现他们的建议被采纳并在产品中得以实现时，他们会体验到被重视的感受，从而增加对产品的满意度。满意度的提升带来用户的忠诚度，形成良好的用户口碑和品牌形象。

用户参与设计过程不仅获取产品的功能满足，更是建立一种情感连接。当用户发现自己的意见被重视并体现在产品中时，他们更容易与产品建立起积极的情感关系。这种情感连接不仅可以提高用户的忠诚度，还有助于形成良好的口碑，带动品牌的持续发展。

Lego Ideas 平台为乐高粉丝提供了一个独特的参与设计过程的机会，粉丝可以提交自己设计的乐高积木作品，并通过在线投票和评审系统决定哪些作品最终成为实际的乐高产品。这种用户参与设计的模式使得粉丝投身这样的设计过程，不仅将自己的独特想法和创意融入产品中，同时体验了与乐高品牌的情感共鸣。这种情感连接进一步提升了用户的满意度和忠诚度，使得他们更积极地支持乐高的产品和品牌理念。

## 新产品开发模式

### 瀑布式新产品开发模式

企业中传统的新产品开发模式通常是瀑布式的，因为它的步骤是依次进行的，类似于瀑布的流动。常见的开发流程如下所述。

第一步，市场调研和机会识别。企业首先进行市场调研，了解目标市场的需求、竞争对手和潜在机会。通过分析市场趋势和顾客反馈，企业可以确定新产品开发的方向。

第二步，创意生成和概念验证。在这个阶段，团队通过创意工具和技术来生成新产品的概念。创意可能来自内部团队、顾客反馈、竞争产品的分析等。然后，这些概念经过初步验证，以确保它们符合市场需求，并有潜在的商业可行性。

第三步，项目规划和可行性分析。一旦确定了新产品的概念，企业会进行详细的项目规划，包括资源分配、时间表、成本估算等。同时，进行可行性分析，评估新产品在技术、市场和财务层面上的可行性。

第四步，产品设计和开发。在这个阶段，团队将着手实际的产品设计和开发工作。这可能包括原型制作、工程设计、制造和测试等。团队需要确保产品符合预期规格，并在设计阶段解决问题。

第五步，测试和质量控制。完成产品设计后，进行测试和质量控制，以确保产品符合质量标准。这可能涉及实地测试、用户反馈、市场测试等。

第六步，市场推广和销售。一旦产品通过测试，企业将开展市场推广活动，包括发布广告、确定销售渠道和销售方式等，吸引目标客户群体。

第七步，上市和后续支持。产品正式上市后，企业需要提供售后支持、监测市场反馈，必要时改进或升级产品。

这种传统的新产品开发方式通常是凭借经验理论进行设计，企业的设计师作为主导者负责产品的设计开发，用户仅起到辅助作用。但随着时代的发展，人们对于产品的需求越来越多，希望产品能呈现个性化与多样化，所以设计师不能以自己的思维方式开发设计新产品，应该考虑用户的需求和想法。在此背景下，用户参与设计的开发模式受到越来越多的企业或设计机构的重视。

## 用户参与设计的新产品开发模式

用户参与设计的新产品开发模式更加强调企业与用户的密切合作，以确保产品更贴近市场需求、提高用户满意度，并增强产品的市场竞争力。这与瀑布式新产品开发模式相比更加灵活，更能适应数字化时代市场和用户需求的快速变化。

用户参与初始阶段。在这种模式下，用户参与通常早早地被引入新产品开发过程中。企业可能通过工作坊、焦点小组、问卷调查等方式收集用户的需求和期望，明确产品方向。在 IDEO 的 Shimano 自行车换挡系统设计中，设计师通过观察和与自行车骑手的深入讨论，收集了关于骑行时换挡需求的详细信息。这种早期的用户参与有助于设计师更好地理解用户的期望，在产品设计中考虑更多的实际使用情境。

原型测试和反馈。在产品设计的早期阶段，企业会创建原型，并将其展示给用户以获得反馈。这有助于设计师及早发现问题、验证概念，并根据用户意见调整设计。

迭代开发。用户参与设计模式通常采用迭代的方法。即使在产品开发的中后期，企业也会不断收集用户反馈，并根据这些反馈调整和改进设计。这种敏捷的方法使企业能够更快地适应市场需求。

用户测试和验证。产品开发的各个阶段都可能包括用户测试和验证。用户可能参与实地测试，提供使用体验反馈，评估产品的易用性和功能性。Dyson 公司在设计 Airblade 手部干燥器时，注重了用户体验和卫生需求。采用独特的空气刀设计，用户可以在较短的时间内更彻底地干燥双手。在产品设计的过程中，Dyson 公司进行了一系列的用户测试，观察用户使用过程中的反应和体验。用户反馈帮助公司改进了产品的性能、设计和卫生特性，确保了 Airblade 的市场竞争力。

共同创造和协作。一些模式将用户视为创作者的一部分，与企业共同参与产品的创造。这可能包括共同设计、协作工作坊等方式，鼓励用户与企业的设计团队共同创造价值。

反馈循环闭合。用户的反馈不仅用于产品开发的早期阶段，还在产品上市后保持循环。企业需要建立反馈机制，不断收集和分析用户的反馈，以便后续产品版本的改进和升级。

用户参与设计是产品设计中一项至关重要的活动，它不仅有助于设计师深入理解用户需求，还能够提升产品的可用性和易用性，促进创新并差异化竞争，进而提高用户满意度和忠诚度。用户参与设计的重要性体现在构建用户中心的设计理念，降低产品开发风险，持续优化用户体验，以及促成用户与品牌之间的情感连接等方面。

设计团队可以通过多种方式实现有效的用户参与，包括用户调研和访谈、用户测试和反馈，以及利用数据分析工具和制定用户体验策略。在竞争激烈的市场环境中，把用户参与视为产品设计不可或缺的重要环节，将成为企业取得成功的因素之一。同时，这种用户共创的产品设计与开发模式打破了消费者对于传统产品制造的认知，大大提高了消费者的参与感和价值感，并将赢得他们的长期支持和信任。

# 第四章

# 三体协同共创革新设计协作方式

智能化时代下，技术的更新迭代不仅带来产品特点的变化，对设计师的能力提出了更高要求与更多挑战，还日益凸显用户参与设计模式的重要性。用户的直接反馈和期望是确保产品符合市场需求、提升用户体验的关键。在企业的产品设计流程中，除了需要强调设计师的个人能力，更需要通过科学有效的专业协作方式，融合用户的积极参与，共同应对存在的困难与挑战。这样不仅能充分发挥团队每位成员的专业优势，实现知识和技能的共享，还能确保在技术创新和用户需求之间找到最佳平衡，最终为用户提供卓越的产品体验。

## “三体共创”模式

现在原有的各专业相对独立的设计模式由于缺乏协同性、效率低下、难以满足个性化需求及技术创新能力不足等，往往忽视了用户参与这一重要环节，已经难以适应智能化时代企业对于效率提升和用户体验优化的双重需求。因此，基于这几年业务实践中观察到的趋势，我们总结并独创了一套关于设计体验的"三体共创"模式，在后期多个设计实践项目中已经验证了共创模式的有效性。

这里的"三体"实际指的是产品设计过程中的三个关键专业：工业设计（ID）、软件交互和视觉设计（UI）、用户研究和测试（UE）。

"三体"在天文学中，表示由三个质点及其相互引力作用组成的力学关系；"三体"在化学中，表示由三个相近分子发生聚合反应后的结合产物。本书借用"三体"这个名词，表示 ID、UI、UE 这三个专业在创新设计过程中紧密协同、相互融合进而催生出极致体验产品的进程。

在数字化时代，产品的功能越发复杂，ID 需要与 UI 协同工作，才可以使实体设计更好地融入数字界面，确保产品外观与功能的完美统一，提升整体设计品质。通过与 ID 的密切合作，UI 可以更好地理解产品的物理结构，确保数字界面与实体产品相辅相成。这种协同有助于创造更为统一、无缝的用户体验，提高产品的数字互动性。用户研究和测试深入了解用户需求和行为，为设计团队提供宝贵的反馈。协同工作可以使用户研究早期介入设计过程，确保产品设计更加贴近用户的实际需求。通过与 ID 和 UI 设计的紧密结合，UE 不再是一个独立阶段，而是贯穿整个项目过程。

步入智能化时代，产品设计已经不再局限于单一的领域，随着市场对智能产品需求不断增长，这三个专业的协同共创变得迫切而必要。其中，ID、UI、UE 三个专业在产品创新中分别扮演关键角色。只有从项目的一开始，三者紧密协作，相互了解工作进度和内容，才能共同协作实现极致体验、用户友好的产品设计。这种多专业协同的工作模式注重整合不同领域的专业知识，使得设计过程更具整体性和全局性。

“三体共创”模式是一种创新的产品设计工作模式，ID、UI和UE三个专业紧密协作，相互融合，特别对软硬件一体化的智能产品设计更能发挥其优势。这种模式强调跨学科的合作及经验和知识的共享，以创造更具创新性和实用性的产品。在“三体共创”模式下：ID不仅关注产品的外观、结构、性能，还考虑产品与用户之间发生的物理、心理层面的关系，以及在实体界面对软件体验的呼应和反馈；UI则致力于开发高效、易用、具有良好用户体验的软件系统，同时与硬件设计紧密配合，实现软硬件一致性体验；UE通过深入了解用户需求和行为，进行原型竞争力的验证和上市前还原度和用户满意度的验证，为产品的软硬件设计和开发提供有力的数据支持和方向指导。

通过“三体共创”模式，团队成员可以相互补充，共同解决问题，实现产品的全面优化。这种模式有助于提高团队的创新能力、协作能力和整体效率，为智能产品设计的成功提供有力保障，实现智能产品软硬件体验的全面提升。

## 三个专业协同共创的必要性

智能化时代下的产品设计已经不再局限于单一的领域，而是要求多个专业领域的融合与协同。下文将探讨三个专业协同共创的必要性。

提高设计效率，降低成本

在设计的初期阶段，ID、UI、UE 三个专业协同项目推进能够及早发现设计中的问题，其中 ID 设计团队与 UI 设计团队的协同检查确保产品外观与数字界面的一致性，避免后期大规模修改情况的发生。这种早期协同不仅提高设计效率，还显著降低后期设计阶段可能产生的额外成本，因为及时修正问题往往比在产品开发的后期进行大规模修改更为经济高效。

促进设计团队创新思维的碰撞

在设计团队中，ID、UI、UE 三个专业领域之间跨专业的碰撞推动设计团队突破传统各专业垂直工作的模式。由于每个专业领域都有其独特的解决问题的方法和思考方式，这种碰撞有助于设计团队打破思维定式，激发创造力，促使其提出更具前瞻性的解决方案。

例如，在小新 100 智能投影仪的设计过程中，UE 团队从观影体验出发，简化用户操作，提出"无须用户反复调节，随手一放，投影画面就能即刻方正清晰"的体验要求。与 UI 团队的协同确保软件界面呈现直观流畅的交互流程，同时与 ID 团队的沟通保证产品外观与交互的无缝融合。

提升用户体验的深度和广度

在项目早期，用户研究团队和设计团队紧密协作，共同为产品的用户体验打下坚实的基础。

例如，在联想个人云存储新品立项初期，UE 团队通过问卷调查、深度访谈和观察法等方法，进行一系列深入的用户调研，了解目标用户对产品的期望、需求和痛点。一些用户希望拥有一款可以快速上手、操作简单的个人数据存储和管理工具，还有一些用户希望产品具有自动备份、安全共享的功能。与此同时，ID 和 UI 团队也在进行产品概念设计。他们根据市场调研和竞品分析，绘制了初步的产品原型图和交互流程图。在这个过程中，设计团队仔细考量用研团队提出的用户需求，尝试将这些需求融入产品设计中。经过研究成果分享、共同讨论和决策，以及数轮迭代和测试后，这款个人云存储产品终于具备了满足用户需求的功能和交互体验，在用户口碑和市场销量方面取得成功，用户对其创新的功能、简洁的设计和出色的用户体验赞誉有加。这也证明了在项目早期，用户研究团队和设计团队的紧密协作对提高产品的用户体验至关重要。

### 适应快速变化的市场需求

随着科技的快速发展和市场需求的不断变化，ID、UI、UE 三个专业协同共创使得设计团队更具敏捷性。团队能够更迅速地调整和适应市场的变化，保持产品在竞争激烈行业中的领先地位。

其中，ID 团队通过与 UI 和 UE 团队的紧密协作，能够更快速地响应市场趋势。例如，在智能家居领域，科技的发展和用户对智能化产品的需求不断演变。ID 团队通过与其他专业的沟通，能够及时了解用户对于产品外观、数字界面和整体用户体验的新期望，从而迅速调整设计方向。

在当今竞争激烈的市场中，ID、UI 和 UE 的协同共创已经成为设计创新的一项重要策略。这三个专业的协同不仅可以提升产品的综合竞争力，还能够创造更智能、更人性化的产品体验。未来，多专业协同的设计模式和策略将继续促进产品设计行业的发展，为用户带来更加出色的产品。

# 第五章

# 基于用户参与的三体协同共创策略

第四章介绍了在智能时代下只有基于用户场景与用户参与才能深入了解用户需求，洞察用户特点。采用“三体共创”模式能有效帮助设计师应对智能化时代下的各种挑战，保障不同专业设计师能够充分发挥各自优势特长，最终为用户提供卓越的产品体验。本章将重点阐述如何在设计实践中真正融入用户场景与用户参与，以及这些元素是如何被纳入设计师的协同工作中的。同时，本章还将介绍具体设计实践中“三体共创”模式的应用。

在当今竞争激烈的商业环境和科技快速迭代中，产品成功与否不仅取决于其功能和性能，更在于其是否能够满足用户的需求并提供令人满意的用户体验。要达成这一目标，用户参与成为产品设计过程中的不可或缺的一环。用户参与设计过程不仅是一种趋势，更是一种必然。它不仅提高产品的品质，还能够提升用户的满意度，为企业带来更大的商业价值。

有研究表明，5000 个重要的工业创新中，75% 归因于用户的建议甚至用户的发明，只有 25% 源于先进技术。另外一项产品创新中用户参与的动力机制研究则表明科学仪器创新中有 81%、工艺机械创新中有 60% 源于用户的建议。因此，我们在“三体共创”模式的基础上，在产品定义、设计、验证、迭代的全过程引入用户参与，将用户看作最宝贵的设计资源和合作伙伴。

在参与式设计中，设计师从最初设计的领导者变成设计的聆听者和推动者，用户则成为设计团队和设计过程的重要部分。[①]充分发挥参与者的主动性，创造出对用户的文化、情感、精神和实际需求更适应的环境或产品，因而参与式设计更能够符合当下用户与社会的需求。用户参与逐渐成为产品设计过程中不可或缺的一环，本章将针对用户参与设计的模式和具体方法展开分析和探讨。

在传统的新产品开发模式中，产品的开发步骤是依次进行的，通常是瀑布式的，包括市场调研和机会识别、创意生成和概念验证、项目规划和可行性分析、产品设计和开发、测试和质量控制、市场推广和销售、上市和后续支持。但是，传统的新产品开发模式通常是基于设计师的主观经验，随着时代的发展，其弊端越发明显。而用户参与设计的开发模式受到越来越多的企业或设计机构的重视。这种模式强调与用户的密切合作，与瀑布模式相比更具灵活性，其流程为用户更好提供了介入设计的机会，保证用户能够参与设计核心过程。但参与式设计并非将用户的设想

① Sanders B N，Stappers P J. Co-creation and the new landscapes of designlJl. CoDesign，2008

或意见直接用到设计中，而是通过观察用户在设计过程和各个阶段中的反馈等了解用户的行为和目的，探寻用户需求。用户被引入产品创新过程中的不同阶段，而各阶段中的参与目的、工具、方法和模式各不相同。

## 参与式设计的工具

常见的参与式设计工具包括访谈、故事板、焦点小组、卡片分类、头脑风暴、探针、故事研讨会、参与式观察、参与式工作坊、设计游戏等。例如，故事板被广泛地应用于设计中，可以由设计师和用户共同创建，侧重于挖掘用户遇到的最大问题；焦点小组关注明确的用户信息，适合了解用户的动机、态度、意见和第一印象；探针旨在收集用户对设计体验的主观看法，调查基于自我记录，通常包括开放式问题和日记等，用于收集用户的见解、意见；故事研讨会，在主持人给出某个主题相关的总体框架后，将用户引入讨论，并创建能够体现用户需求的虚构场景，同时鼓励参与者讲述与虚构场景有关的现实经历，作为提出新建议或新想法的证据。参与者集体分享故事，设计师从中得到启发。

参与式设计工具的选择与设计流程密切相关。参与式设计的核心在于充分调动用户参与设计，因此需要依据阶段目标选择适宜的工具和方法。如在设计的初级阶段，为了更好地了解用户的行为和期望，设计团队可以运用问卷调研、访谈、故事板等工具，从而收集到较为全面的用户信息。

## 参与式设计的行为模式

行为模式是参与式设计过程中用户与设计师合作过程的形式。随着设计流程的进展，参与式设计行为模式的选择也需要根据不同的设计阶段转变。例如，在问题定义阶段中，设计更加需要的是从用户本身出发，更多体现的是用户对于设计的支持模式。随着设计的深入，用户的行为模式及研究方式代表着用户逐渐成为设计的合作者。概念生成阶段正是行为模式转化的关键，在这一阶段，参与式设计行为模式由以用户支持为主转变成以用户合作为主，产品生成过程中用户的参与奠定和验证了产品的设计方向。明确行为模式有利于设计师和用户通过各种方法剖析问题，以此达到多角度分析问题的目的。

## 参与式设计的方式方法

参与式设计的方法可以被应用于产品开发的整个流程，用户参与设计的机会包含用户参与设计的开发模式的全部阶段（见图 1）。

➲ 用户需求分析阶段

在这种模式下，用户从一开始就被引入新产品开发过程。用户需求分析阶段的目标是了解用户的行为和期望，定义问题和调研需求，从而确定产品的功能和特性，使产品面向市场时获得最佳效果。设计团队需要分析用户在特定任务中的行为和要求，确

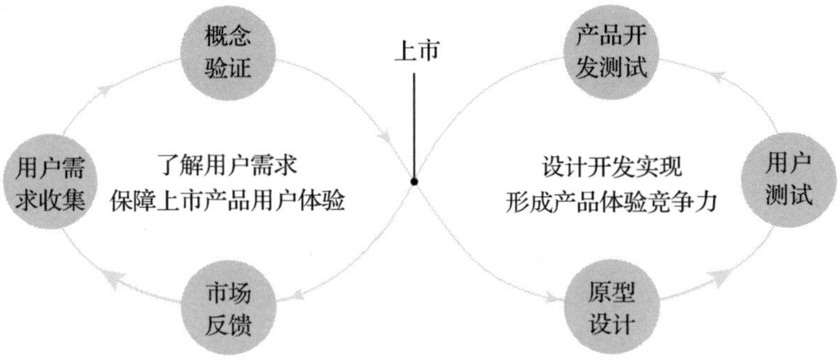


**图 1　参与式设计开发流程**

定用户面临的挑战和需求。传统的方法是通过观察用户的行为、访谈用户、创建心理模型等方法实施。而在参与式设计中，设计师可以邀请用户和利益相关者一起参与用户需求分析过程，通过小组讨论、头脑风暴、一对一采访、问卷调研、焦点小组等参与式设计工具收集用户意见和建议，促进合作与创新产品设计。设计师还可以与用户合作共同绘制用户旅程图，发现潜在的改进点和用户需求。该阶段的参与行为模式是以用户支持为主，用户参与设计的方式是以设计师观察及与用户书面互动、采访互动为主。在设计之初引入用户，用户以主人翁的角度看待产品，在设计方向的选择与确定方面发挥积极作用。

➲ 概念生成

在概念生成阶段，设计师需要结合用户提出的想法和反馈不断优化原型，直至完成最终的设计方案。在此阶段，用户被视为创作者的一部分，与企业共同参与原型的创造，包括合作设计、协作工作坊等。合作设计是参与式设计的一种方式，可以直观地听取用户想法与感受，包括采用便签、线描、表格等建立设计概念。使用便签等方式帮助用户将自己难以表达的想法与感受以视觉效果呈现，既可以清晰地表达需求，让用户直接参与，提高用户的参与积极性，又可以达到让设计师了解用户的目的。此外，参与者还可以通过自己讲述、设计师帮助绘制的方法，将创意表现出来，为设计提供参考。在概念生成阶段，用户可以亲自提供设计方案与设计思路，不再被动接受问卷和访谈，用户成为产品的创造者。设计概念生成更加需要把用户放在主体的位置，通过其与设计师的探讨来共同完成设计。

➲ 原型测试与反馈

在评估阶段引入用户参与是设计开发过程中常用的方法，用户试用产品，反映产品存在的不足，也使设计者了解产品与用户认知之间的鸿沟。完成原型后，先向用户群体进行产品外观、颜色、功能等方面的讲解与演示，随后设计团队可以选择可用性量表、焦点访谈、眼动追踪等方式进行原型测试与验证，测试的内容包括产品的形状、功能和操作方式等，询问用户使用中的体验及问题，最后汇总与整理测试反馈意见。设计师通过邀请用户参与原型测试，收集他们的意见和建议，以及观察用户实际使用产品的表现，可以全面了解用户对产品的理解、用户操作体验和产品存在的问题，以便进行相应的改进和优化，不断完善和优化产品原型。

➲ 用户测试和验证

产品开发完成后，进行用户测试是为了验证产品的设计和功能是否符合用户的期望与需求，以确保产品能够提供良好的用户体验。首先，设计团队通过用户反馈通道、用户反馈调查、用户反馈分析工具等，确保用户声音被听到并及时相应调整。在测试过程中，设计团队采用观察法、访谈法、问卷调查法等收集用户的反馈和意见。还可以考虑采用远程用户测试的方式，使用远程屏幕共享或远程用户测试平台，让用户在自己熟悉的环境中测试，这可以提供更真实和自然的用户体验。其次，个人智能终端和互联网的普及改善给产品设计带来新的变革，线上方式能够让跨地域的参与者参与产品测试，从而设计团队获得更全面、更丰富的信息数据。

➲ 迭代开发

用户参与设计的模式通常采用迭代方法。即使在产品开发的中后期，企业也会不断收集用户反馈，并根据这些反馈调整和改进产品，这种敏捷的方法使企业能够更快地适应市场需求。除了新产品开发完成后的一次性的用户测试，设计团队还可以考虑长期的用户追踪和反馈收集。通过与用户建立畅通的反馈渠道，了解他们的长期使用体验和需求变化，不断优化产品和进行产品迭代。除了观察用户行为和收集反馈，还可以采用不同的测试方法，如数据采集、访谈、问卷调查、眼动追踪、心理学评估等，获取更全面的用户数据。通过持续的迭代和优化，产品能不断适应用户需求的变化，提高用户体验和用户满意度。

➲ 反馈循环闭合

用户的反馈不仅用于产品开发的早期阶段，还在产品上市后保持循环。用户体验不是一成不变的，它随着用户需求的变化和技术的进步不断演进。用户参与设计过程不仅帮助团队了解当前用户的期望，还可以为未来的产品发展提供方向。通过建立持续的用户反馈机制，设计团队可以及时了解用户的变化需求，并在产品的后续版本中进行相应的优化和调整，便于后续产品的改进和升级。

用户参与设计是设计策略伴随社会发展的必然趋势，参与式设计方法的介入可以帮助设计师深入探索用户需求，提高设计价值。对用户参与设计的模式方法进行研究，并对用户在产品开发各个阶段的参与方法和目的展开分析，可以最大程度优化产品的品质，其为企业带来更大的商业价值，并在产品设计领域推动用户体验的提升。

## "三体共创"的工作模式和应用解析

如前所述，传统的用户参与设计流程，通常是以独立的项目执行或应需的方式参与。用户研究专业作为项目中的一个环节，流程大概是这样的。产品经理有一个新的项目，邀请用户研究团队做用户需求和痛点分析。用户研究团队经过调研给出需求洞察结论。产品经理根据这些结论结合产品规划、开发预算等其他因素定义产品，将产品设计需求提给设计团队。设计团队按照产品定义和设计需求，完成产品方案设计，做出外观模型或者功能原型交给产品经理。产品经理又会委托用户研究团队做产品测试，评估产品的用户喜好度和市场竞争力。发现问题，再请设计团队修改设计，直至设计评审通过并进入开发阶段。在这个过程中，用户研究和设计团队虽然有交集，但是大体上按照先后顺序（流水线式）参与项目，各个职能有着不同的任务目标和独立的工作流程。这往往导致信息不同步、工作节奏不匹配、项目进展缓慢等问题，使最终的产品体验未能满足消费者的心理预期或者产品的市场竞争力有限。

传统设计项目流程及 ID、UI、UE 三个专业的参与环节如图 2 所示。

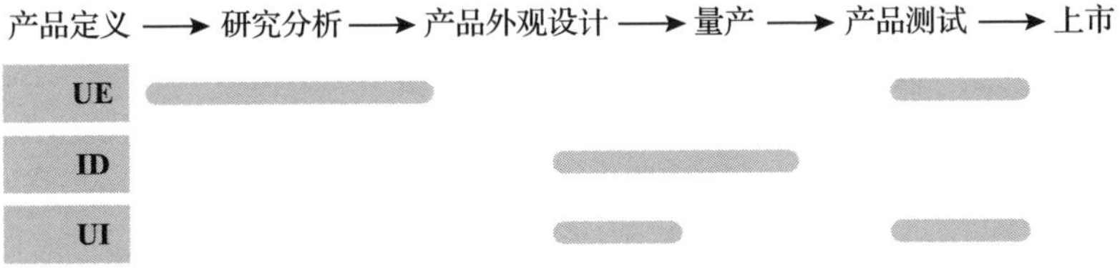


**图 2　传统设计项目流程及 ID、UI、UE 三个专业的参与环节**

在“三体共创”模式下，用户研究不再被看作一个项目的环节或者一个职能，而是贯穿了整个项目的一条准绳。整个项目流程都是围绕如何提升用户体验设置和展开的。任何人，无论其工作是什么，都会从用户体验的角度思考、讨论问题。在设计项目中，我们通常会用一种螺旋形的结构来描述用户体验深度参与并融入设计中的状态。首先，软硬件设计和用户研究是同一个团队，彼此非常熟悉和信任。设计和用户研究在工作的每一个环节中都紧密地交织在一起，一同参与用户调研和分析，一同提出创意和解决方案并快速验证、优化迭代。在这个过程中，虽然有分工，但用研专家和产品设计师之间的界限变得更加模糊。在我们的创新工作模式下，有时候用研专家会直接画草图给产品设计师，产品设计师也会组织用户调研，直接和用户交流。由于用户体验的深度融入，产品设计完成时，已经是经过用户体验并反复验证的了。这样，产品项目的效率和质量都有显著提升。

"三体共创"模式流程如图 3 所示。

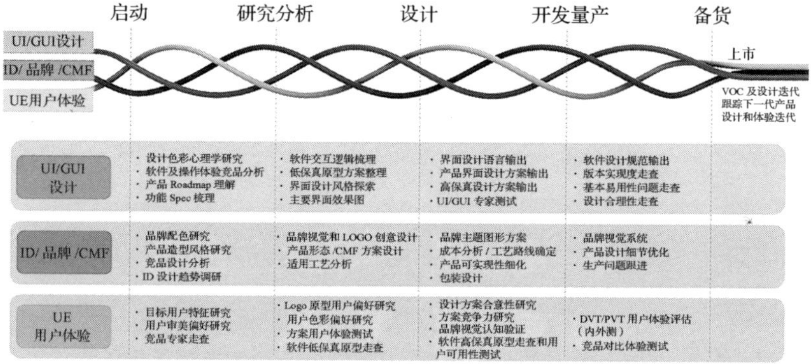


**图 3 "三体共创"模式流程**

下文将以某款拯救者游戏鼠标为例，讲述"三体共创"模式在整个项目的全过程应用。

➲ 项目启动与规划阶段

各专业成员共同参与拯救者游戏鼠标项目启动会议，明确项目目标是通过该款游戏鼠标及其配套软件，为玩家带来出色的游戏体验。UI、ID 和 UE 专业成员明确各自的职责和工作重点，其中 ID 专业需要完成产品造型风格研究，在保证产品可实现性的前提下，输出 ID/CMF 设计方案，打造一款具有拯救者品牌特征、高品质、有设计感的鼠标产品，并在后续的工程化过程中持续跟进直至量产。UI 专业将对软件交互逻辑进行梳理，探索界面设计风格和品牌 iconic 元素的应用，以酷炫的视觉观感和简明流程的操作增强玩家的体验愉悦度。UE 将研究目标用户特征和审美偏好，评估设计方案的合意性和创新性，体验走查和验证产品设计原型，确保上市产品的体验竞争力。

在项目进行过程中，不同专业的项目成员都会在定期例会中沟通工作进度、同步信息，使得团队成员能够相互协调，保持团队的整体协同性，按计划推进项目进度。

➲ 前期分析研究阶段

在前期分析研究阶段，各专业展开深入的调研与分析工作，旨在确保全面理解拯救者游戏鼠标设计，并做好充分的准备工作。仔细剖析游戏鼠标的市场趋势、竞品特征及目标用户需求，获取准确而深入的调研资料，为后续的产品设计决策提供坚实的基础。

在此阶段，ID 聚焦同价位竞品游戏鼠标的产品架构、外观造型风格、设计创新点的案头调研，对相关竞品进行产品拆解，进一步认识游戏鼠标内部结构堆叠。设计团队采用 How Might We（HMW）分析法，进行思维发散，大胆提出鼠标设计的创新点。在案头调研的基础上，ID 提出初步创意点草图，以便 UE 进行专家和目标用户走查，进行设计收敛，聚焦目标用户更加倾向的创意设计点。

UI 对产品的软件交互和视觉设计进行竞品分析。竞品分析涉及对行业标准和用户期望的了解，确保 UI 设计在软件交互和视觉观感方面不仅符合行业趋势，更能够满足用户需求并提供良好的用户体验。该项目的 UI 主要包括游戏相关的视觉语言，以及在与 ID 相关的某些关键 iconic 元素层面，如 Logo、外观颜色、纹理、灯效等方面实现软硬件交互体验一致性的设计探索，整理优秀的游戏视觉创新意向板，输出 UI 设计的目标设计风格。

➲ 初步设计阶段

在产品研发的初期探索阶段，ID 和 UE 密切协作，确保拯救者鼠标的造型特征既符合高端游戏鼠标的用户需求又具备创新性。ID 借助前期 UE 整理的用户调研资料，深入挖掘用户的喜好和需求，通过设计草图、意向板及简单的 3D 模型等方式，提出初步产品方案。这一过程不仅依托 ID 团队的专业技能，更注重将用户的感知和期望融入拯救者鼠标的视觉和硬件产品设计中，以便打造出既创新又实用的产品。

同时，UI 在此阶段负责针对前期调研输出的意向板，以及基于 ID 分享的初步创意草图，探索拯救者鼠标软件的视觉布局、动效设计和 iconic 元素的初步方案，然后基于拯救者的品牌调性不断优化方案。

UE 不仅在前期调研游戏鼠标目标用户，还紧密结合 ID 的初步创意点草图开展专家访谈、相关利益者访谈和田野调研，深入了解目标用户的鼠标使用场景和使用流程。这一过程旨在帮助设计团队深入挖掘用户使用产品时出现的问题和潜在问题，理解用户对产品概念和设计方案的反馈，以便其进一步完善和优化初步方案。同时，UE 对软件 UI 低保真原型进行走查，确保产品的交互逻辑符合用户的认知和使用习惯，提升产品的整体用户体验。通过综合 ID、UI 和 UE 团队的输出结果，早期的产品设计得到更加细致和全面的打磨，为后续的开发工作奠定基础。

➲ 设计输出和测试阶段

在产品研发的深入阶段，ID 与 UI 团队紧密协作，共同推动设计方案的深化与优化，确保最终产品既符合用户需求又具备卓越的设计品质。

ID 团队深度结合用户调研成果，对设计方案进行更为细致的探讨和改良。在此过程中，ID 团队不仅关注产品的物理形态和材质选择，还与 UI 团队保持密切沟通，确保鼠标的外观设计与软件界面在视觉和风格上保持高度一致。通过项目成员之间的及时交流，设计创意的进展方向得以明确，为后续的设计工作奠定了坚实的基础。

同时，UI 团队在深化初步探索的基础上，致力于输出完整的拯救者鼠标软件视觉设计方案。这一过程中，UI 团队不仅关注软件界面的布局、色彩搭配和动效设计，还与 ID 团队紧密合作，确保软件界面与鼠标外观在视觉元素和风格上相互呼应。通过频繁的沟通，UI 团队能够及时调整设计方案，满足 ID 团队对产品整体风格的要求。

为了确保设计方案的可行性和用户接受度，ID 与 UI 团队共同参与了设计方案的提案环节。在这一环节中，团队选择了最适合项目方向和产品风格的鼠标设计方案进行细化和产品手板制作。确定手板优化方案后，团队进行了鼠标的精模制作，确保产品的最终形态符合预期。

在优化设计的过程中，UI/GUI 专家测试成为必要环节。通过专家的反馈，UI 团队能够获取有针对性的设计建议，以不断改进视觉设计。这一过程中，ID 团队积极参与，共同讨论如何根据专家建议调整设计方案，确保产品的软硬件设计一致性。

与此同时，UE 团队进行设计方案的合意性研究，评估创意设计团队提出的各方案的可行性和用户接受度。在这一过程中，UE 团队对 ID 与 UI 团队共同输出的多个鼠标方案进行竞争力研究，确保最终选择的设计方案在市场上具有竞争优势。此外，UE 团队还进行品牌视觉认知验证，确保产品在整体视觉上与品牌形象保持一致，进一步强化了 ID 与 UI 团队在设计过程中的协同共创。

拯救者鼠标 ID 设计如图 4 所示。拯救者鼠标 UI 设计如图 5 所示。

图 4　拯救者鼠标 ID 设计

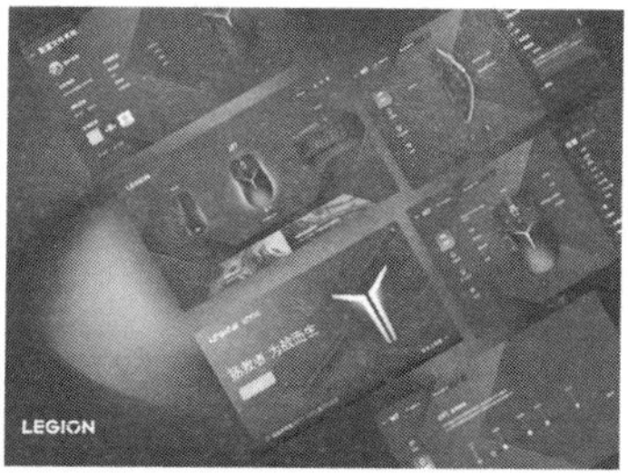


图 5　拯救者鼠标 UI 设计

➲ 量产准备阶段

当产品开发进入工程化阶段，ID 专业紧密关注拯救者游戏鼠标不同方案的生产成本和工艺路线的分析与确定。结合产品制造过程，与供应商沟通，优化产品设计的细节，确保在生产制造阶段能够高效、成本可控地实现设计理念。在包装设计方面，团队密切与供应商沟通，及时解决生产过程中的问题，不断优化包装设计以提升产品整体品质。

在软件方面，UI 专业负责制定软件设计规范并输出，确保软件交互和视觉设计的合理性、易用性和可实现性。通过走查和收集方案问题反馈，积极调整和优化设计方案，以适应产品上市的需求。UI 专业在这一阶段的工作不仅有助于保障产品在软件层面的稳定性和性能，还确保用户在使用产品时能够得到更加流畅和愉悦的体验。

UE 专业在产品设计验证与测试（Design Validation and Testing，DVT）和生产验证与测试（Production Validation and Testing，PVT）阶段发挥关键作用。通过用户体验评估和竞品对比体验测试，团队全面检验游戏鼠标在实际使用中的性能和用户满意度。这一过程涵盖了产品设计的各个方面，从产品功能到视觉界面，确保产品给最终用户提供出色的体验。

➲ 产品迭代阶段

在产品生命周期的不同阶段，ID、UI 和 UE 三个专业各司其职，共同致力于持续优化产品设计，特别是面对问题反馈时进行下一代产品设计的迭代。

首先，ID 对产品的外观、结构和材料等方面进行全面的审查，解决上一代产品中可能出现的问题。这涉及产品的实际制造和工程可行性，通过深入分析生产过程中的挑战，ID 确定下一代产品的设计方案。这可能包括材料的优化、工艺流程的改进及产品结构的调整，以最大程度地提高产品的质量和性能。

其次，UI 在产品的软件和视觉层面进行深入分析，关注软件设计规范的制定和产品设计的合理性、易用性及可实现性。通过对问题反馈的走查和收集，UI 能够及时发现并解决软件设计中存在的缺陷，为下一代产品提供更为稳定的优化界面。

同时，UE 负责从用户角度出发，全面评估上一代产品的使用体验。通过设计验证与测试和生产验证与测试，UE 收集用户的反馈和体验数据，并将其转化为具体的问题和建议。这些反馈将直接影响下一代产品的用户界面设计、功能优化和交互流程，确保产品在实际使用中能够满足用户需求，并提供更为出色的用户体验。

这三个专业之间的协同工作是产品设计迭代的关键。通过紧密合作，三个团队在各自领域提供专业的问题分析和解决方案，并确保这些解决方案在整个产品设计中得到全面整合。这种专业化的协同迭代模式有助于不断提升产品的综合性能和用户满意度，保持产品在市场上的竞争力。

# 第六章

# 不同需求和场景下的实践应用

在产品开发中，设计流程的科学性和合理性直接关系到产品的品质和体验。传统的设计模式往往将各专业割裂开来，导致设计方案与实际用户需求之间存在较大的偏差，不仅影响了产品的用户体验，还可能导致资源的浪费和时间的延误。

我们经过多年摸索和总结，独创“三体共创”这一创新模式，它强调 ID、UI 和 UE 三个专业之间的融合与协作，通过共同产出创意设计方案并快速验证和迭代，实现产品软硬件体验的打造和迭代。该模式的核心在于打破专业壁垒，实现知识、技能和资源的共享，从而确保产品设计始终围绕用户需求展开，提高产品的市场竞争力。

因此，“三体共创”模式特别适用于当前的软硬件结合的智能产品，因为这些产品不仅要求外观设计精致与功能性完美，还强调软件交互的流畅性和用户体验的深度满足。而“三体共创”模式通过 ID、UI 和 UE 三者的紧密合作，能够确保在产品设计初期就充分考虑软硬件的协同性，从用户角度出发，综合考量产品的整体性能和用户体验，从而打造出既美观又实用且具备高度市场竞争力的智能产品。

当然，不同的产品类型具有各自的特点、需求和应用场景，这就要求我们在应用"三体共创"模式时，不能一概而论，而是根据具体项目的需求进行灵活调整。对于一些非智能产品，其并不包含嵌套软件，无须引入软件设计资源，因此我们可以将重点放在 ID 和 UE 上，确保产品的外观和功能符合用户需求。而对于某些软件产品，我们需要将更多的精力投在软件 UI 和 UE 上，确保软件的操作流程、界面设计等方面能够满足用户的期望。

经过多年的实践和经验沉淀，"三体共创"模式不局限于特定行业或产品类型，而是展现出高度的灵活性。无论是消费产品（To C）领域还是商用产品（To B）领域，无论是硬件产品设计还是软件产品设计，"三体共创"模式都能发挥其提升用户体验的本质特点。根据设计对象的不同，"三体共创"模式中的三个专业可以灵活调整其参与程度和方式，以满足不同项目的需求。

为了更清晰地表述"三体共创"模式的设计理念和策略，精选了四个不同需求和场景下的代表案例，以期能够更加全面和直观地让读者了解该模式的应用效果和价值（见表 1）。

**表 1　实战案例分类维度**

| 分类维度 | 软硬件结合的产品项目 | 软件产品项目 | 硬件产品项目 |
| --- | --- | --- | --- |
| 消费场景 | 智能投影 | 个人云存储 | 口红电源 |
| 商用场景 | 会议大屏 | | |

# 智能投影仪

项目背景

多年以来，投影仪一直都是家庭影音娱乐的备选项。过高的产品售价、令人担心的灯泡寿命、普通的成像效果但又极具震撼力的大屏体验，总让消费者举棋不定。但随着技术的完善和更迭，更适合普通家庭用户的智能投影仪渐渐成为市场关注的焦点。

从技术进步的角度看，随着显示技术的不断进步，智能投影仪的分辨率、亮度和色彩表现得到显著提升，高清、4K 甚至 8K 投影技术的出现，为用户提供了更加清晰、逼真的观影体验。而 LED 光源等新型光源技术的应用，使得智能投影仪在便携性、寿命和能耗等方面亦有明显改进。LED 光源具有较高的色彩还原度和更长的使用寿命，同时能耗更低、体积更小，为智能投影仪的普及奠定了基础。

从交互性和体验提升角度看，智能投影仪能够投射出比传统电视机更大的画面，为用户带来更加沉浸式的观影体验。这种沉浸感在观看电影、玩游戏或进行家庭聚会等场景中具有明显优势。同时，随着露营经济、宅经济的兴起，智能投影仪凭借着易操作、可移动、多功能等特质，受到众多年轻用户的青睐，并在更多场景中发挥作用。

正是在这样的消费趋势下，联想先后推出 YOGA 7000、

YOGA5000S、小新 520、小新 100 等一系列智能投影仪产品，涵盖了高端、主流、入门等多个类型。智能投影仪作为家庭娱乐核心设备之一，ID 和 UI 设计在整体产品体验中各自承担不同但同样重要的作用，二者相辅相成，共同提升产品的用户体验和市场竞争力。

➲ ID 的作用

吸引消费者的视觉注意。外观设计是用户接触产品的第一印象，决定了产品的市场吸引力。精美、时尚和独特的外观设计能够激发消费者的兴趣，增加其购买产品的欲望。外观的创新和美学价值往往成为消费者选择产品的一个关键因素。

传递品牌形象。产品外观的设计往往承载着品牌的价值和定位。简约、现代的设计代表着科技感和创新，而复古或经典的设计则传递出一种温暖、怀旧的情怀。通过外观设计，品牌能够传递其核心理念和独特性，从而吸引特定的消费群体。

适配不同家居环境。作为家庭娱乐设备，智能投影仪需要与多种家庭装饰风格兼容。外观设计需要易于融入各种家居环境，使产品在视觉上与家居空间和谐搭配，避免给消费者带来视觉上的不适感。

提升产品的便捷性和移动性。外观设计还需要考虑产品的便携性，尤其是智能投影仪需要在多个环境间移动使用时。凭借巧妙的造型设计和合理的体积重量分配，用户可以更加方便地携带和存储设备，提升产品的实用性。

➲ UI 的作用

提供直观易用的界面。软件 UI 设计能够为用户提供直观且易于操作的界面。一个简洁明了的界面布局和操作流程能够极大地降低用户的学习成本，提高用户的使用效率。

提供愉悦的视觉体验。基于更具有吸引力的软件视觉设计，智能投影仪可以帮助用户获得沉浸式的感官体验，增强观影愉悦度，进而与用户产生情感共鸣。

进行智能推荐与个性化设置。通过软件设计，智能投影仪可以根据用户的使用习惯和喜好进行智能推荐，如推荐用户可能感兴趣的内容或自动调整投影设置以适应用户的环境。

保证系统稳定性。优秀的软件设计能够保证系统的稳定运行，减少故障的发生，提高产品的可靠性和耐用性。

具有跨平台兼容性。软件设计需要确保智能投影仪能够与各种设备和操作系统良好地兼容，保证用户在不同环境下都能够顺畅使用。

持续更新。软件设计允许产品进行持续的更新和升级，修复可能存在的问题、增加新功能或优化现有功能，从而保持产品的竞争力和生命力。

可以看出，ID 侧重于产品造型的视觉呈现和实用性，UI 则注重用户交互体验、智能化功能和系统性能。二者在产品设计中各自发挥着独特的作用，但又必须紧密结合，才能为用户提供更完整、更卓越的软硬件一致性体验。

此背景下，我们希望设计一套便捷、有趣、美观的智能投影产品家族化套系，为打造居家沉浸式大屏观影提供一种新的体验方案，帮助用户构建属于自己个人和家庭的娱乐中心。

### 需求洞察

需求洞察应结合产品进行。只有对现有的智能投影产品的使用现状、体验进行解构，才能切实了解用户的使用习惯，挖掘他们的痛点与需求。因此，我们综合用户使用智能投影产品的时间、场景、使用行为及习惯等维度进行调研，以期了解智能投影产品的用户人群、用户需求或期望、现有产品使用行为及痛点。

#### ➲ 调研步骤和基本原则

一是明确调研目标。确定调研的核心目的，如了解用户的投影使用习惯、现有产品的使用满意度、潜在需求等；设定具体的调研问题和假设，以便在调研过程中寻找答案。

二是确定目标用户群体。识别并描述产品的目标用户群体，包括他们的年龄、性别、职业、收入等特征；分析目标用户群体的共同特征和需求，以便在调研中重点关注。

三是制定调研方案。选择合适的调研方法，如问卷调查、访谈、观察、焦点小组等；设计调研问卷或访谈大纲，确保问题具有针对性、清晰明了，并且易于回答；确定调研的时间和地点，以及样本规模，确保调研结果的代表性。

四是收集数据。通过发放问卷、进行访谈、观察用户行为等方式收集数据；确保数据的真实性和有效性，避免出现有误导性或带有偏见的问题。

五是分析数据。整理、分类和统计分析收集到的数据；识别用户的主要需求、行为习惯和现有产品的痛点；提炼对产品设计有指导意义的洞察和建议。

六是验证与反馈。将分析结果与设计团队分享，验证调研结果的准确性和实用性；根据反馈调整调研方案或补充数据，确保调研结果的完整性和可靠性。

七是撰写调研报告。将调研结果、分析过程和设计建议整理成报告形式，供团队成员参考；报告中应包括详细的调研方法、数据分析过程、关键洞察及设计建议等。

➲ 用户画像

按照以上原则，我们对一至四线城市的上千位智能投影现有用户及潜在用户进行了线上或线下的调研，并构建用户画像。

智能投影的用户年龄主要集中在 26 岁至 35 岁，他们更乐于接受新兴科技产品，购买力也更强。

智能投影主要为家庭娱乐使用，购买决策人在性别上没有明显偏向；主要为已婚有小孩群体；自有住房占多数，但租房也占有一部分比例（租房用户的家电类的购置预算不会很高，性价比是首要考虑因素，并且与传统电视机搬运麻烦对比，智能投影产品具有便携的优点）；智能投影用户，职业主要集中在管理人员及技术 / 研发人员，个人月收入中等水平。智能投影用户基本信息调查如图 6 和图 7 所示。

➲ 用户需求和期望

对于家中已有智能电视机的用户而言，智能投影仪可以带来超越普通电视机的大屏体验；同时，智能投影仪也被称为“无屏电视机”，可以满足无智能电视机用户对于智能化、丰富资源、易便携的需求。其使用场景非常丰富，主要使用场景为家庭娱

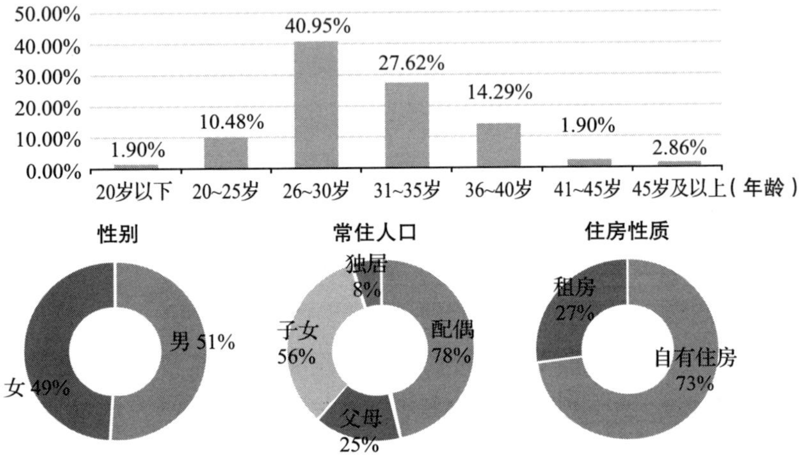


图 6 智能投影用户年龄、性别、常住人口和住房性质调查

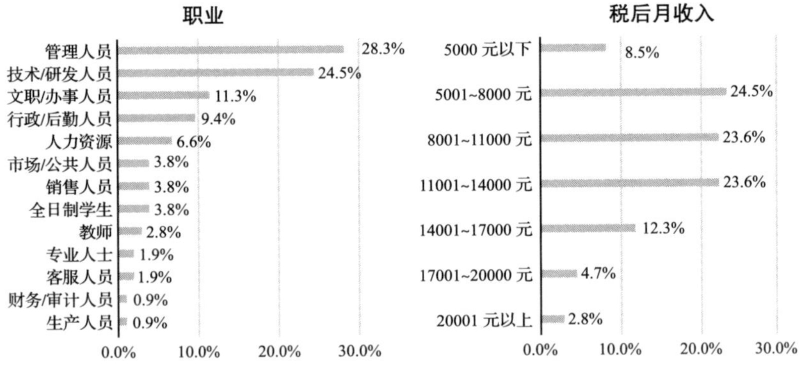


图 7 智能投影用户职业和税后月收入调查

乐，用于观看电影及电视剧。基于家庭娱乐需求购买时，用户更关注智能投影仪的视觉效果、功能及听觉效果。智能投影用户使用场景分类如图 8 所示。

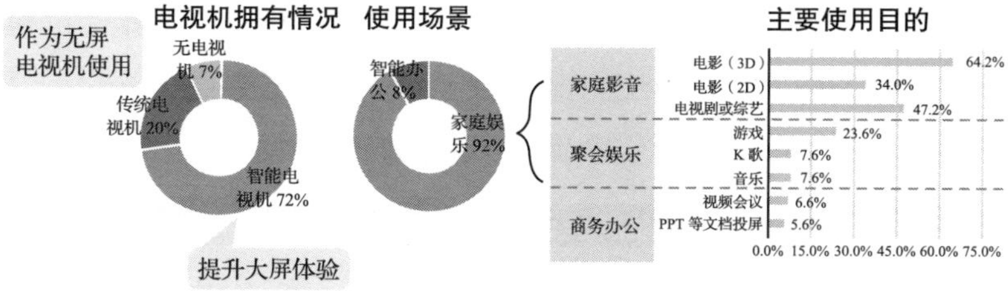


**图 8　智能投影用户使用场景分类**

当把观察焦点放在智能投影软件的时候，我们发现现有软件UI 系统在用户使用引导和合理适当的提示，以及界面、布局效果的美观和吸引力方面仍有较大提升空间，主要体现在以下几个方面。

一是直观性与易用性。例如：用户期望 UI 设计能够直观展示所有功能和选项，避免复杂的层级结构；界面元素和操作流程需要符合用户习惯，减少学习成本。

二是美观与个性化。例如：用户希望界面设计美观、风格一致，能够提供定制化的主题和颜色选择；希望界面能够根据用户的喜好和行为自动调整界面布局和内容推荐。

三是功能集成与分类。例如：用户希望 UI 设计能够集成多种功能，如媒体播放、应用商店、系统设置等，并清晰分类；提供快速访问常用功能的快捷方式或热键。

四是响应速度与稳定性。例如：用户期望 UI 响应迅速，操作流畅，不出现卡顿或延迟；系统需要稳定，避免出现 UI 问题导致的崩溃或重启。

五是智能推荐与提示。例如：用户希望系统能够智能推荐内容，如根据观看历史推荐影片或节目；希望系统提供操作提示和建议，帮助用户更好地使用设备。

现有某智能投影软件系统评价维度如图 9 所示。

| 现有某智能投影软件系统评价维度 | 分数 |
| --- | --- |
| 1) 期望的所有功能 | 85.7 |
| 2) 功能分类合理 | 88.9 |
| 3) 操作响应 | 90.5 |
| 4) 系统稳定 | 88.9 |
| 5) 可完成使用任务 | 88.9 |
| 6) 系统使用精力消耗 | 79.4 |
| 7) 使用指导信息 | 77.8 |
| 8) 界面布局清晰 | 84.1 |
| 9) 风格与配色 | 79.4 |
| 10) 图标美观表意 | 79.4 |
| 11) 合理提示及纠错 | 77.8 |
| 12) 系统操作可控 | 85.7 |
| 综合平均分 | 80.7 |

**图 9　现有某智能投影软件系统评价维度**

注：因产品资源限制，统计结果仅做参考

➲ 用户使用行为

当前，用户使用智能投影仪时，摆放主机位置主要考虑空间限制及画面效果，即在有限的空间内，找到最合适的投影位置，在保证画面效果的前提下，尽量提升看大屏的舒适感和畅快感。

智能投影仪主要放在客厅茶几或卧室床头柜上；投射距离为 2 米至 4 米，投影画面尺寸主要为 70~100 寸（普通电视机为 55~70 寸）。多数用户因室内空间有限，且需要考虑投射距离、被投影位置面积、投射过程中物体遮挡关系，反推出的主机所在位置及角度比较唯一，大部分需要使用支架辅助实现；72% 的用户使用幕布提升观看体验。智能投影用户使用行为分析如图 10 所示。

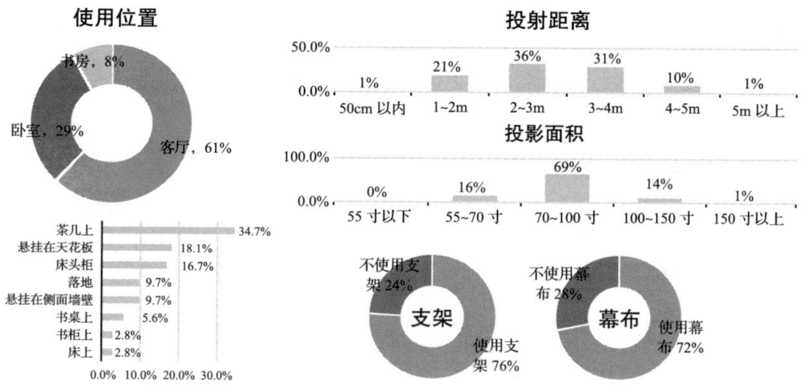


图 10　智能投影用户使用行为分析

关于使用时间，在工作日，用户主要在 18：00—21：00 使用智能投影仪，周末明显娱乐时间增多，从下午到深夜均可能使用。单次使用时长主要为 1.5~2 小时，约等丁“一部电影”或“两集电视剧”的时长（见图 11）。

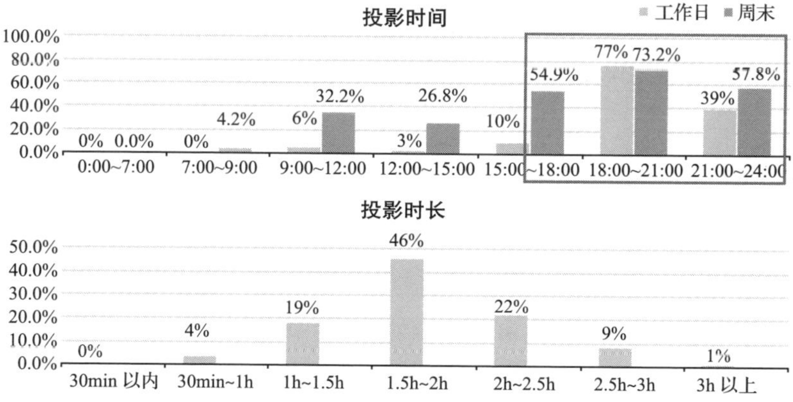


图 11　智能投影用户使用时间 / 时长统计

因此，从使用位置、使用时间和使用目的来看，用户行为和习惯因人而异，但也能从中总结出一些普遍的模式和趋势。

一是开机与启动。用户希望在第一时间就能理解如何使用智能投影仪；遥控器可以迅速启动和唤醒设备；用户通常期望设备能够快速启动，并自动进入主界面；一些用户可能首先检查系统更新或通知。

二是导航与浏览。用户通常不希望在外观设计上出现太多复杂的按钮和接口；用户希望遥控器的按键能够直观且易于记忆；对于软件操作系统，用户倾向于使用直观、易于理解的导航菜单和工具栏；大多数用户会通过滚动、点击或触摸手势来浏览内容。

三是内容选择与观看。用户可能根据推荐、排行榜或分类来选择要观看的内容；对于媒体播放，用户可能期望支持多种格式，并具有播放控制（如暂停、快进、快退等）功能；软件交互界面和设备外观的视觉和谐也是提升视觉吸引力和降低用户上手难度的有效手段。

四是搜索与查找。当用户无法找到想要的内容时，他们通常使用搜索功能；通过遥控器查找内容时，用户期望能够方便地输入关键字或语音指令；搜索功能应该支持模糊搜索和关键字推荐，提高搜索效率；当用户无法通过智能投影仪直接找到想要的内容时，通常选择与其他设备连接（如手机、电脑或游戏机）。

五是多任务处理。用户可能同时打开多个应用或窗口，如边看电影边查看其他信息；支持多任务处理和快速切换不同应用的功能会提高用户满意度。

六是定制与个性化。用户可能希望根据自己的喜好定制界面主题、颜色或布局；提供个性化设置选项，如调整字体大小、对比度等，以满足不同用户的需求。

七是交互与反馈。用户希望遥控器的按键触感和反馈明确，以增强操作的响应感；用户期望 UI 系统能够提供清晰、及时的反馈，如点击按钮后的动画效果或声音提示；交互应该流畅自然，避免过多的操作步骤或复杂的交互逻辑。

八是退出与关机。用户使用完设备后，通常选择退出应用或关机；提供明确的退出和关机选项，避免误操作。

### 设计策略

基于需求洞察阶段的用户研究结果，我们仔细分析了用户日常使用行为和习惯，了解用户对智能投影的主要需求和期望，识别用户在使用过程中的痛点。从用户需求和期望中提取关键的设计要素，如界面布局、操作流程、功能设置等，确保这些设计要素能够解决用户痛点并提供良好的用户体验。然后，基于这些关键设计要素，制定设计策略，指导产品设计的方向和风格。

概括来讲，我们在智能投影产品的软硬件设计上，综合运用了统一性和差异性两大设计原则。

#### ➲ 统一性原则

产品设计在智能投影项目中的统一性原则主要包括易用性与家族一致性两个方面。

##### ➢ 易用性原则

易用性原则是提升用户体验的核心原则，确保用户能够在多种环境和场景下流畅、高效地使用设备。为此，制定了以下易用性原则，参见表 2。

**表 2　智能投影产品的软硬件交互设计的易用性原则**

| 易用性原则 | ID | UI |
|---|---|---|
| 简洁直观、易于操作 | · 智能投影产品的外观应该简洁、直观，不仅要具备视觉吸引力，还应避免过于复杂的设计元素<br>· 外观布局应考虑用户的操作习惯和使用环境，便于快速识别功能和操作位置。例如，遥控器的按键、投影仪的调节按钮、接口位置等的设计，需要遵循用户自然的触觉和视觉习惯，确保用户使用时无须频繁低头查找或摸索 | · 界面设计应遵循简洁明了的原则，减少复杂的层级和冗余的导航<br>· 用户使用智能投影产品时，能够通过方向键和确认键（OK）直接进行基本操作，返回键应显而易见，用户可以便捷地完成任务流程或中断流程<br>· UI 的导航菜单和按钮布局应该符合用户的认知习惯，如常见的菜单位置、滚动方向等，用户操作时无须额外学习，便可直接选择所需功能 |
| 易于触及且符合人体工学 | · 智能投影产品的外观设计应考虑用户的实际使用场景，特别是在频繁调节设备（如角度、焦距或音量）时，操作的便捷性至关重要 | · 交互元素（如按钮、滑块、选择框等）应放置在用户容易触及的区域，特别是当用户遥控操作时，需要确保操作按钮的布局合理、指示清晰 |

续表

| 易用性原则 | ID | UI |
| --- | --- | --- |
| 易于触及且符合人体工学 | · 按钮和接口应放置在用户容易触及的位置上<br>· 投影产品的大小、形状和重量需要符合人体工学，便于手持、移动和调整，确保用户在不同使用环境下能够舒适操作 | · 操作时，按钮、滑块等应有一致的行为模式，与用户的预期一致，避免用户在操作过程中出现混淆感或不适感 |
| 快速、无缝的任务流程与交互 | · 在智能投影产品的外观和造型设计中，设备的结构应当支持快捷安装、设置与操作。例如，外部接口设计要简洁、明确，避免繁杂的连接方式和线路，用户能够快速连接其他设备，减少不必要的操作流程<br>· 在设备的携带与存放方面，智能投影产品的外观应设计为便于搬动和存放的形态，用户可以随时根据需要无须费力地调整位置 | · 在 UI 设计中，任务流程应该避免冗长的操作步骤和多重菜单，确保用户操作时能够快速完成任务<br>· 在选择内容、调整设置或切换模式时，UI 界面应简洁、直观，操作后立即反馈，并且提供清晰的返回和取消功能，确保用户能够顺利返回上一个步骤或结束当前操作 |
| 符合用户认知习惯、适应环境 | · 智能投影产品的外观设计不仅要适应家庭、办公等使用环境，还应考虑用户的使用习惯。例如，考虑设备在不同场景下的定位，外观设计应简洁且易于融入不同家居风格，同时具备易于操作的外部控制界面和直观的按钮指示 | · 在 UI 设计中，菜单的位置、图标的布局及滚动方向等都应符合用户的认知习惯，使得用户在使用过程中无须思考就能操作 |

续表

| 易用性原则 | ID | UI |
| --- | --- | --- |
| 符合用户认知习惯、适应环境 | | · 界面需要根据使用场景自动调整。例如，在较暗的环境中，UI 界面应提供适当的光度或对比度，确保用户能够清晰查看和操作 |
| 稳定性与可靠性 | · 外观设计不仅要追求美观和易用，还应考虑长期使用中的稳定性和耐用性。例如，采用防滑材质、抗刮擦表面、耐用的按键设计等，确保设备在频繁操作下依然能够保持良好的外观和功能 | · 软件 UI 设计的稳定性同样至关重要。界面应避免出现过于复杂或容易崩溃的功能模块，确保系统的流畅性和可靠性<br>· 设计时，需要考虑持续更新和迭代的需求，使得 UI 设计能够随着功能的扩展和优化而始终保持用户友好并适应新的使用场景 |

用户调研发现，有 36% 的用户反馈至少每周会遇到一次因某些繁杂的设置（如网络设置、调整图像模式、不同设备间投屏切换）而引发的困扰，因此将这些易用性原则融入产品设计非常必要。

➢ 家族一致性原则

家族一致性原则是产品设计的纽带，是软件形象、产品形象、企业形象等概念外在的表现形式，同时也代表了这些主题概念的定位与价值观念。产品设计通过塑造这些主题，在用户的心中留下良好的具有记忆点的印象。对不同产品赋予相似，甚至相同的设计特征，使其在视觉与使用感受上具备共通的“家族”识别因素，体现统一的设计主题。企业保持自己的设计风格，牢固树立企业形象，这种主题性在商业设计中日渐形成品牌效应，使得用户潜意识里接受并成为习惯。

我们将从以下几个方面，在智能投影产品设计中应用家族一致性原则，确保整体外观造型和用户界面的统一性和连贯性，提升用户的体验。

一是设计风格的统一。产品的 ID 设计应保持一致的品牌风格，如色彩、形状、材质等物理元素的统一性。设计语言的一致性可以让用户在接触同一品牌的不同产品时，瞬间识别出其品牌的归属感。同样地，UI 设计中的色彩方案、字体、图标等元素应与产品的 ID 保持一致。例如，品牌的主色调可以贯穿整个 UI 设计，包括按钮、图标、背景等。字体、图标和其他视觉元素也应该在整个 UI 设计中保持一致。这有助于用户在不同屏幕或功能之间切换，迅速识别和理解界面元素。

二是交互方式的一致。智能投影产品的按钮布局应符合用户的操作习惯，不同产品之间的操作元素（如控制按钮的位置、形状等）应具有一定的相似性，避免使用不同产品时还要适应新的操作方式。遥控器的设计语言应与投影产品保持一致，提供统一的操作逻辑。对于 UI 设计，用户在不同功能或屏幕中执行类似的操作时，应该遵循相同的逻辑和流程。例如，用户查看不同内容或执行不同任务时，应该使用相同的导航方式或交互手势。当用户与界面交互时，系统应该提供一致的反馈机制。例如，按钮被点击后的动画效果或声音提示应该在整个 UI 设计中保持一致。

三是布局和结构的统一。产品外观的结构和布局也应遵循统一性原则。例如，智能投影产品和其配套遥控器的按钮布局、设备接口的排列方式、控制界面的设置应遵循一致的结构和布局原则。在所有产品中使用类似的布局方式，用户能够迅速适应并掌握设备的操作，不论是控制设备、调整设置还是连接外部设备。在 UI 设计中，功能布局、信息组织和呈现方式应在所有屏幕中保持统一。例如：导航栏的位置、大小和样式应该在整个应用中保持一致；对于相似的信息或功能，应该使用相同的组织结构和呈现方式。

四是品牌特色的体现。家族一致性原则要求 ID 设计不仅要统一，还要体现品牌的特色和价值观。例如，可以通过材质、独特的线条、简洁的形态或创新的配色来传达品牌个性。在 UI 设计中，则可以通过色彩、图标、字体等元素来体现品牌的个性和风格。

➲ 差异性原则

➢ 形象性原则

在智能投影产品的设计中，形象性原则旨在通过直观的图形、图标、色彩和动态效果等元素，使用户能够更迅速、更直观地理解和操作界面，同时增强品牌的独特性和用户体验。形象性原则实际上源自统一性原则，当家族一致性原则统一运用于品牌推广时，个体品牌的独特性也就得以凸显。

下文将从四个方面强调智能投影产品设计的形象性。

一是线条、曲面和材质的运用。外观和造型设计应体现品牌的统一性，同时融入个性差异，通过线条、曲面、材质等元素的巧妙运用，塑造出既符合品牌调性又具辨识度的外观。例如，简洁流畅的线条设计，不仅美观大方，还能在视觉上缩小体积感，提升整体科技感。材质选择上，注重触感与视觉的双重体验，如使用高质感金属或细腻织物，既耐用又彰显品质。

二是图标的使用。在智能投影产品的外观设计中，图标和视觉符号的使用能够增强产品的形象性。例如，投影仪的按钮、接口标识等可以采用直观、易识别的图形符号，用户操作时无须过多思考便能轻松识别。图标在投影 UI 系统中扮演着重要的角色，它们能够迅速吸引观众的注意力并有效传达信息。简单的线性图标在视觉上更加清晰明了，不会给用户带来过多的视觉负担。在投影环境中，过于复杂的图标可能因为分辨率或光线问题而混乱不清。

三是色彩和对比的应用。投影产品的外观颜色应与品牌的整体设计风格一致，同时在外观上注重色彩的搭配与对比，使产品在视觉上更加醒目且具有辨识度。外观色彩的选择应考虑投影产品放置环境的光线条件，避免过于艳丽或不协调的色彩，使设备外形既有设计美感又能融入不同的家庭或办公环境。在 UI 设计中，色彩对比的运用尤为重要。投影设备呈现颜色时，会遇到颜色饱和度不如预期的问题。通常是投影技术的物理限制或者投影环境的光线影响导致的。为了解决这个问题，设计投影内容时，可以采取一些策略来优化颜色的表现。在设计中，可以适当提高颜色的饱和度，因为投影到屏幕上时，颜色的亮度和饱和度往往有所下降。在设计阶段增加饱和度，可以确保投影后的颜色仍然保持足够的鲜艳度，避免画面过于灰暗。但是，过度提高饱和度也可能导致颜色失真，影响用户体验。因此，设计师需要在提高饱和度和保持颜色真实性之间取得平衡。在设计阶段对颜色饱和度进行适当的调整和优化，可以确保内容投影后仍然有高质量的表现效果，为用户带来更好的观看体验。

四是动画和过渡效果。动态的引导，即使用动画效果引导用户的视线，帮助他们更好地理解界面的结构和操作流程。例如，在焦点移动过程中，尝试加入某些特殊效果，使焦点的移动更加自然和流畅。反馈的呈现，即动画效果可以呈现用户的操作反馈。例如，用户移动焦点至某一元素时，该元素产生一些特殊动效，有助于增强用户的注意力，提升用户的操作体验。

➢ 创新性原则

创新性原则在智能投影产品设计中的应用主要是通过新颖、独特的设计理念和交互方式，来提升用户体验和产品的竞争力。设计团队希望通过不断创新和突破传统的框架打造出独特且引领潮流的产品设计。

一是独特的设计风格。不拘泥于传统的设计风格和框架，尝试引入新颖的视觉元素和布局方式，打造独特的视觉效果，从而使智能投影产品的设计与市场上其他产品形成鲜明对比，突出品牌的差异化和个性。

二是创新的交互方式。打破传统的导航栏或菜单设计，结合智能投影的特性，尝试引入新的导航方式，如全景导航、沉浸式导航等，引导用户能够更轻松地浏览和发现内容。

三是跨平台整合。将智能投影设备与其他智能设备或平台进行整合，实现多设备之间的无缝连接和协同工作，提升用户体验和产品的整体竞争力。

四是持续优化与迭代。持续关注用户的反馈和需求变化，通过数据分析和用户研究指导设计的优化和迭代，确保创新能够持续满足用户的需求和期望。

### 设计方案

明确用户需求和设计策略后，进入设计方案输出阶段。我们探索了不同的设计方向，确认最适当的界面设计风格。ID、UI专业同事与用户研究、产品经理、开发团队的同事紧密配合，实时分享阶段性成果，并收集他们的反馈和建议。经历了十余轮次的方案优化和用户测试，验证方案的有效性和合意性，确保设计方案满足项目目标和用户需求。

#### ➲ 家居化的 ID 设计

重视用户需求并以之为核心构建产品是我们一直坚持并践行的原则。洞察用户需求后，流程进入产品设计阶段。此时，设计师心中也有了大致的设计目标和方向，就是要做一款有别于传统投影且更容易被普通消费者接受的产品。

##### ➢ 审美共创

在设计智能投影产品的 ID 时，特别强调用户参与的审美共创活动，因为它能够促进用户和设计师之间的沟通和交流，使产品设计更加符合用户需求和期望。我们还邀请用户对比设计原型与竞争对手的产品，评估当前产品设计方案在市场上的竞争力和差异化，分析产品设计的优势和劣势，确定产品在设计上的突出特点和可改进的方面。

审美共创活动中应用了多种方法和工具，如用户调研、设计思维、原型制作、用户测试等（见图 12）。其中，用户调研可以了解用户需求、行为和态度等，为产品设计提供重要的数据和信息支持；设计思维在问题定义、需求分析、方案设计等环节，为产品设计提供创新性的解决方案；原型制作将设计方案转化为实际的样品或模型，让用户更直观地了解产品设计；用户测试可以让用户对原型进行实际操作和评估，为产品设计的改进和优化提供重要的反馈和建议。

图 12　ID 设计师、UE 专家与用户进行审美共创的场景

➢ 搭建审美竞争力评估指标体系

根据智能投影产品特征及设计诉求，基于通用审美竞争力评

估模型，ID 和 UE 同事共同设计了针对智能投影产品的问卷大纲，建立了 ID 审美竞争力评估指标（见图 13）。

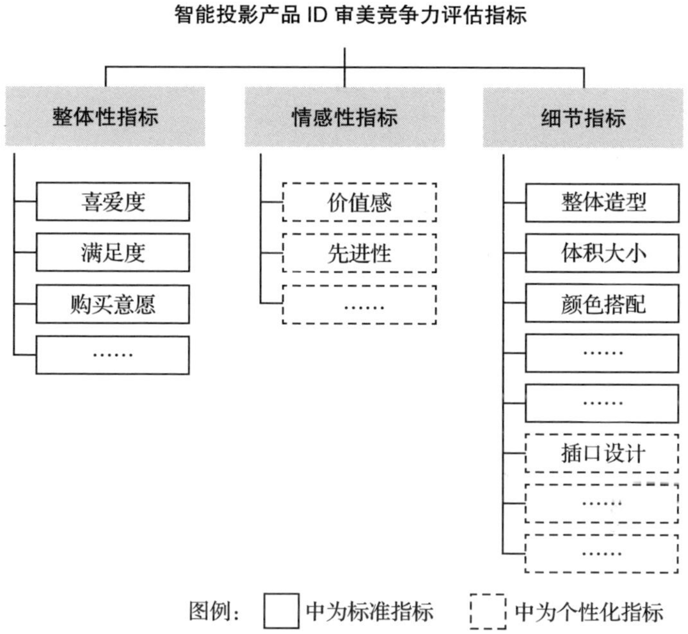


图 13　智能投影产品 ID 审美竞争力评估指标

通过调研和用户反馈，我们了解到目标用户对产品设计的审美趋向及对当前产品设计方案的喜好，包括他们对产品外观、材质、色彩等方面的偏好倾向，以优化设计方案更好地满足他们的需求。

审美竞争力整体评价如图 14 所示。情感性评价如图 15 所示。

➢ 科技产品生活化

联想 YOGA 成立之初，品牌 DNA 中就镌刻了对审美的追

ID外观测试评价

| 评价指标 | 产品M1 | 产品M2 | 产品M3 | 产品M4 | 产品M5 | 产品M6 |
|---|---|---|---|---|---|---|
| 喜爱度 | 6.06 | 6.06 | 3.94 | 6.22 | 5.06 | 3.44 |
| 满足度 | 5.65 | 5.94 | 4.94 | 6.12 | 5.06 | 4.59 |
| 购买意愿 | 5.44 | 5.78 | 5.00 | 5.94 | 4.59 | 2.17 |
| 综合得分 | 5.79 | 5.91 | 5.06 | 6.09 | 5.00 | 4.46 |

注：模拟数据仅做示意

图 14　审美竞争力整体评价

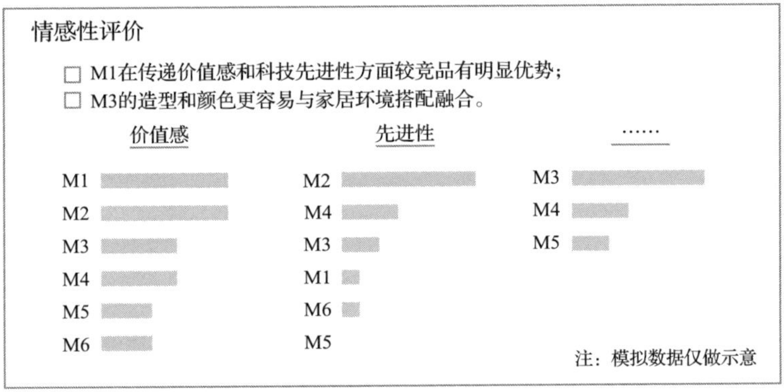


图 15　情感性评价

求，YOGA 系列智能投影也不例外。经过三轮十余个设计方案的筛选，联想智能投影 YOGA 7000 最终呈现在用户面前的是与众不同的外观设计。我们以流畅、简洁的线条为其打造了 3D 流线型的优雅外形，并采用双面航空级铝金属以悬浮贴合的方式与经 CNC 阳极氧化工艺处理的正面搭配，赋予其典雅的艺术气息与不俗的视觉表现。我们还在正面设计了一道科技电动滑门，起到保护镜头的同时也让联想 YOGA 7000 启动时更具有仪式感。另外，我们选择了质地优良的织物作为联想 YOGA 7000 智能投影仪的扬声器面料，将柔软温暖、简洁灵动相糅合，使之兼顾细腻触感与优雅大气，搭配现代家居装饰，成为用户家中独特而美丽的艺术品（见图 16）。

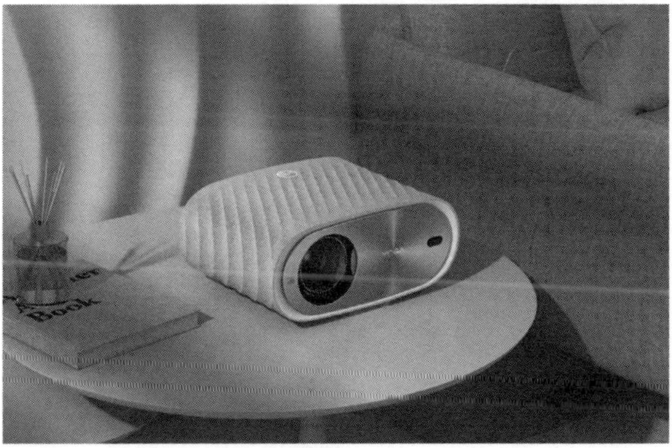

图 16　联想智能投影 YOGA 7000

在后续的家族化系列产品 YOGA 5000S 的产品设计上，我们依然以简洁紧凑的设计语言为其勾勒出优雅而流畅的线条，整机小巧精致，毫不浮夸，即使外出露营也可轻松携带。香槟金色顶盖上的流水纹理，不仅彰显了 YOGA 5000S 的家族身份，而且象征着其如流水般丝滑的操控体验。在我们的精心雕琢下，YOGA 5000S 不再是一件高冷的科技产品，而是有灵性、有温度、有情感的伙伴，能够帮助用户表达生活态度，就像一块方糖为生活增添了一份甜蜜和精彩。因此，YOGA 5000S 也被用户亲切地称为“方糖投影”（见图 17）。

图 17　联想智能投影 YOGA 5000S

➲ "流光之影"UI 设计

➢ UI 设计语言

在智能投影 UI 设计中，设计语言指的是一套统一的视觉元素、样式、图标、颜色和排版规则等，用于创建一致性和可识别性强的用户界面。设计语言有助于确保用户使用界面时能够获得一致的视觉体验，并帮助他们更轻松地理解和操作界面。

在智能投影产品的 UI 设计哲学中，我们深入贯彻了与 ID 设计相呼应的核心理念——简约而不失精致，优雅且富含深意。正如智能投影产品 YOGA 系列的外观的细腻流水纹理，既彰显了家族特色，又预示着操作体验的流畅无阻，我们在智能投影产品的 UI 设计中独创性地引入了"流光之影"这一设计语言，不仅用于构建高度一致性和可识别性的用户界面，更是一次对光影艺术的致敬。通过弧度切割及颜色弥散的叠加，在视觉层面打造光影层次，并以玻璃及反射质感的动效语言表达其视觉的灵动性。

“流光之影”这一设计语言，仿佛是掌握了光影的魔法，将投影技术的本质发挥到极致。它不仅是一种视觉上的表达，更是一种情感的传递、一种心灵的触动。

在“流光之影”的引领下，屏幕上的光影变得灵动而富有层次。弧度的切割与颜色的弥散相互叠加，形成一种独特的视觉效果。这种效果如同自然界的光线与阴影的交融，既有动态的流动感，又有静态的稳定感；既有虚幻的朦胧感，又有实体的清晰感。这种动与静、虚与实、轻与重的完美结合，使得整个画面充满立体感和生动性。

通过模拟玻璃和反射质感的动效语言，我们赋予投影画面更加灵动的视觉效果。这种设计使得投影画面仿佛置身于一个充满动态变化的虚拟世界中，每一次界面切换或图标点击都如同探索未知的奇妙之境，感受自然光影的神秘和魅力。

“流光之影”作为智能投影 UI 的设计语言（见图 18），以其丰富的视觉层次、灵动的动效语言、自然美学的再现及沉浸式的

图 18 “流光之影”设计语言

体验，为用户带来全新的视觉享受和交互体验，为我们的设计方案注入独特的魅力和生命力。

➢ 交互逻辑梳理和呈现

开机与启动。用户通常期望设备能够快速启动，并自动进入主界面。首先，首次启用设备时，我们优先引导用户完成一些必要的设置步骤，如绑定遥控器和联网等。这些步骤对于设备的正常使用至关重要，因此应该给予用户明确的指导，让用户在初始设置环节顺畅操作。其次，调整画面内容时，采用极简设计，以及易于理解的语言和图标，帮助用户快速学习并掌握设备的基本操作。用户完成初始设置和学习过程，设备直接进入主页面。再次，后续使用中设备可以在开机时直接进入主页面，减少用户等待时间。同时，对于系统的更新，通过推送通知的方式直接告知用户，这样既确保用户及时获取最新信息，又避免用户的正常使用被打扰。最后，优化设备的初始设置和后续使用流程，采用合适的通知方式，可以显著提升用户的使用体验，并降低用户的使用成本。

开机启动界面示例如图 19 所示。

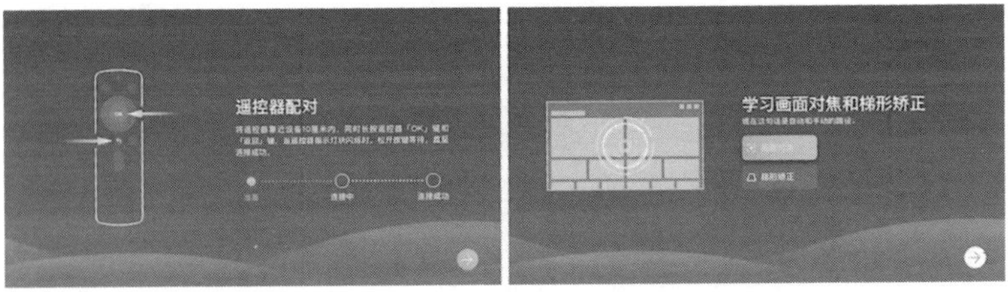


图 19　开机启动界面示例

导航与浏览。用户倾向于使用直观、易于理解的导航菜单和工具栏，因此首屏展示布局力求简洁明了、信息层级清晰，易于用户操作。在主界面展示一级分类，分类标签横向排列，如水平滚动列表或按钮组。当用户通过遥控器的左右键浏览和选择不同的一级分类时，该分类有一个明显的选中状态显示——变色和放大。同时，主界面将展示该类别下的二级分类。我们将二级分类以纵向排列、瀑布流来布局，这样可以使用户在一屏内看到更多的分类内容，提高浏览效率。用户操控遥控器的上下键来浏览和选择二级分类。有重要操作或状态变化时，会有相关的弹性动效。

导航页面示例如图 20 所示。

图 20 导航页面示例

➢ 色彩的运用

在智能投影 UI 设计的色彩世界中，我们精心打造了一场视觉盛宴：整体使用更为绚丽的颜色展示，强调设计对比度、更艳丽的呈现视觉效果，凸显屏幕质感。

深蓝色的背景宛如深邃的夜空，让人感受到无尽的神秘与宁静。不仅为界面提供了沉稳的基调，更使得其中每一个元素都如繁星般璀璨夺目。用户沉浸在这片深邃的蓝色中，仿佛能够穿越时空，探索未知的宇宙。

而家族化的橙色用于某些重点图标，点缀其中，则犹如一抹阳光，穿透了深邃的蓝色，引导着用户的视线，这为界面带来了活力与灵动。

低流明设备对于对比度的要求较高，考虑到用户的观影感受，我们为用户提供了更多的换肤选择。例如，增加了浅色效果，强化背景与内容的极致对比，让观影更为清晰。

➢ 打造沉浸式体验

由于投影屏幕较大及其娱乐属性，用户更习惯于后仰式观看和远程操作。高清图像和视频更吸引眼球，更有观看欲望。因此，主页面更强调主体海报的表达，较少文字的使用。这种方式促使界面更加简洁美观，也简化了用户操作。

为了用户获得沉浸式的感官体验，"联想影院"在视觉上进行破形设计，营造出沉浸式影院感，底部进行影片切换，极大增强了观影的愉悦度。影片详情页则延续了影院的沉浸感，在后方默认播放影片时，浮层出现影片名称，打造整体视觉表现形式的统一，也更加吸引用户。

观影视觉页面示例如图 21 所示。

图 21　观影视觉页面示例

➲ 基于人体工学的遥控器设计

智能投影仪作为一款与遥控器强关联的设备，在前期调研和设计阶段，我们充分意识到，只有解决了遥控器使用场景下的诸多痛点，才能使智能投影产品的整体体验得以提升。基于此，我们经过一轮又一轮的思维碰撞，一遍又一遍的方案推敲，为联想智能投影系列产品打造了相适配的遥控器，以期为用户带来更简单、更顺手的操控体验。

➢ 人体工学设计

遥控器是一款人手握持的设备，我们首先从人体工学角度考虑，对遥控器机身的圆润弧度做了精确定义，以期带给用户舒适的握持感。其次，我们谨慎地设定了遥控器的整体尺寸和重量，希望能在握持感与操控便捷性两方面实现最佳的平衡。遥控器人体工学设计示意 1 和示意 2 如图 22 和图 23 所示。

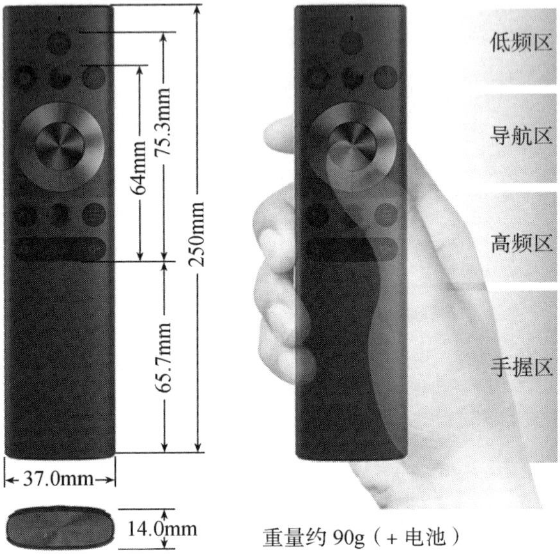


**图 22　遥控器人体工学设计示意 1**

遥控器的 ID 设计延续联想消费生态产品"简约实用"的设计风格，在细节品质和手感方面依然追求极致。遥控器金属机身采用上下分色设计，且上下部分的纹理颗粒度经过精心调试。上方的手指操作区的纹理极为细腻，带来触控时的顺滑手感；下方手握区颗粒度稍大，增加握持的稳定性。这种上下分色的设计对制造工艺提出了更高要求，需要使用"二次喷砂 +CNC+ 阳极氧化"的复杂工艺。我们秉承"追求极致、打造精品"的设计理念，按照手机行业同等级的外观标准定义这款遥控器的品质验收，这对于遥控器品类的设计和制造来说，无疑是一次大胆的尝试，只为带给用户独特的品质感和触感。联想还用局部的高亮区域点缀于整体的金属哑光质感之中，遥控器中间的圆形方向按键

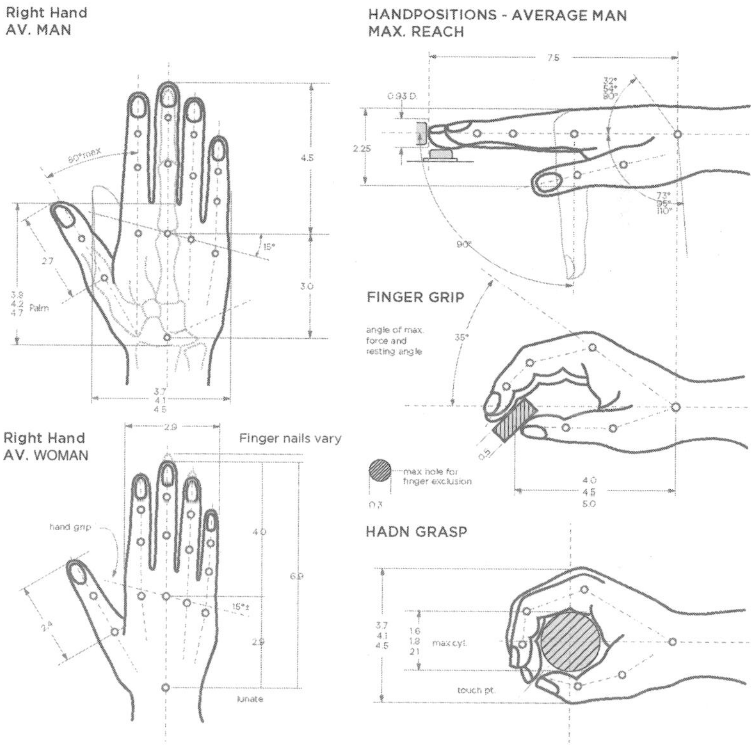


| HAND DATA unite:inch | MAN | | | WOMAN | | | CHILDREN | | | |
|---|---|---|---|---|---|---|---|---|---|---|
| | 2.5% tile | 50% tile | 97.5% tile | 2.5% tile | 50% tile | 97.5% tile | 6 yr. | 8 yr. | 11 yr. | 14 yr. |
| hand length | 6.8 | 7.6 | 8.2 | 6.2 | 6.9 | 7.5 | 5.1 | 5.6 | 6.3 | 7.0 |
| hand breadth | 3.2 | 3.5 | 3.8 | 2.6 | 2.9 | 3.1 | 2.3 | 2.5 | 2.8 | - |
| 3rd.finger length | 4.0 | 4.5 | 5.0 | 3.6 | 4.0 | 4.4 | 2.9 | 3.2 | 3.5 | 4.0 |
| dorsum length | 2.8 | 3.0 | 3.2 | 2.6 | 2.9 | 3.1 | 2.2 | 2.4 | 2.8 | 3.0 |
| thumb length | 2.4 | 2.7 | 3.0 | 2.2 | 2.4 | 2.6 | 1.8 | 2.0 | 2.2 | 2.4 |

图 23　遥控器人体工学设计示意 2

和底部的电池仓采用了曜石金色 CD 纹的设计，在光线反射下，散发渐变的金属光泽，更添科技感和精致感。

智能投影遥控器 ID 设计如图 24 所示。

图 24　智能投影遥控器 ID 设计

➢ 便捷的按键操作

遥控器的主要功能是操控电器和设备，因此遥控器上的按键设置和布局与用户的操控体验直接相关。相比于传统遥控器上复杂的按键排布，我们在不影响操控效率的前提下，尽可能地简化按键设置，减少用户的学习成本。经过多次调研，将不同功能的按键按照使用频率分区放置，使用频率低的按键放置在遥控器上方，使用频率高的按键放置在中部，方便手指按压。对于单独按键的设计，我们也进行了一番细致的考量和优化。按照功能不同，对不同的按键定义了不同的形态和凸起高度，方便用户盲操，减少误触可能。

智能投影遥控器按键设计图 1 和设计图 2 如图 25 和图 26 所示。

图 25　智能投影遥控器按键设计图 1

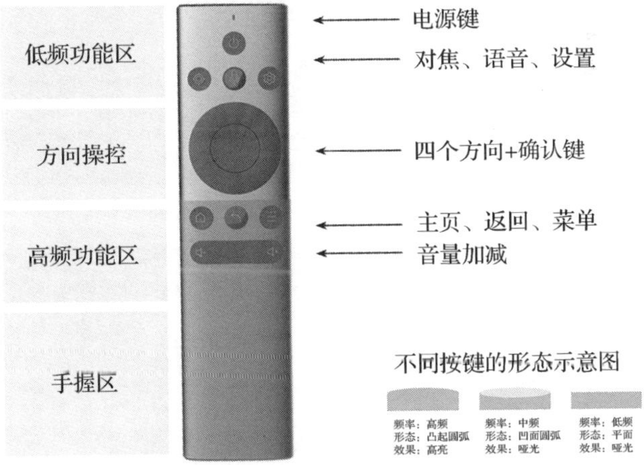


图 26　智能投影遥控器按键设计图 2

➲ 软硬件一体化设计

为了强化产品设计的家族一致性，使用户在视觉和使用感受上识别出相通的品牌特征，我们提炼了硬件 ID 设计中的 iconic 特征元素，将物理家族化与软件交互和视觉相联动，以便用户获得软硬件一体化的体验。通过这种软硬件高度融合、和谐统一的设计，我们不仅在视觉上为用户呈现出独特而一致的界面风格，更在物理操作和软件交互上建立紧密的联系。用户在操作过程中，不再因为软硬件之间的不协调而感到困惑或不适。相反，他们能够在硬件设备和软件界面之间自由切换，享受流畅而连贯的操作体验。这种一致性不仅增强品牌的辨识度，也让用户在操作过程中能够迅速理解和适应，从而提升用户的忠诚度和满意度。智能投影软硬件一体化设计如图 27 所示。

物理家族化 + 软件交互和视觉联动 +iconic 元素

**图 27　智能投影软硬件一体化设计**

在软件 UI 系统中，我们同样考虑了 UI 设计与遥控器的使用逻辑相适配（见图 28）。根据遥控器的交互方式定义软件中栅格的布局。基于遥控器的上、下、左、右按钮，以"十字"的形式显示焦点的移动，以便吸引用户对所选内容的关注，并突出显示之间的一致性。

图 28　UI 设计与遥控器的使用逻辑相适配

我们想使用某个电器，却发现遥控器不知所终，这种情景相信不少人都遇到过。针对这种小尴尬，通过软硬件联动，在 App 中设置“一键找回”功能，方便用户更快地找回遥控器（见图 29）。在软件加持下，手机也可变身遥控器，实现智能快捷控制。

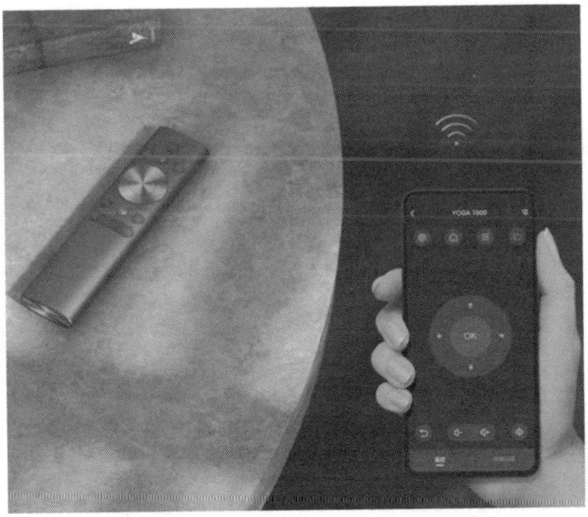

图 29　UI 设计中的“一键找回”功能

设计成果和迭代计划

联想智能投影系列是运用"三体共创"模式的一个范例。在项目中，用户研究与测试、工业设计、软件交互和视觉设计三个专业相互交叉融合，通力完成项目交付。

回顾整个项目，智能投影 YOGA 7000 在上市前完成了三个硬件版本和十个软件版本的迭代。在产品体验评估过程中持续有 800 人次用户与产品团队共创，分析上市后购买用户的数据，发现产品功能满足 85% 以上的用户需求，验证了用户体验研究在产品早期对用户使用场景的洞察和分析结论，以及产品痛点和需求的评估结果的正确性、有效性。

联想智能投影软硬件家族产品不仅获得了红点、iF、Gmark、IDEA 等十余项大奖，更是在竞争激烈的市场上赢得了用户的广泛认可。权威市场调研机构 IDC 发布的报告显示，联想投影仪在 2022 年下半年中国消费投影市场的顾客推荐指数 NPS 位列前三，说明我们的产品正在受到消费者的关注和喜爱。

智能投影优化体验的脚步从未停止。一款产品是否能够持续为用户带来良好的服务和体验，与功能优化、升级迭代有着紧密的关系。智能投影 UI 系统上线后，我们依然密切关注市场上技术的发展和用户的反馈，观察得出如下现象。

一是视频内容爆炸式增长。随着互联网的发展，视频平台视频内容越来越多，用户需要高效筛选出自己感兴趣的视频。

二是用户对搜索精度要求提高。传统的关键词搜索已经无法满足用户需求，他们需要更精准、更智能的视频搜索方式，搜索的效率和精准度能够得到大幅度的提升。

三是 AIGC 技术的快速发展。AIGC 技术通过大模型服务文本、图像、音频等内容，为视频搜索提供了新的可能性，可以做到精准识别、深度理解、自然对话和个性推荐。

四是目前投影难点。当前交互方式对遥控器重度依赖，触达操作相对复杂。设备被动接受指令，不具备对用户诉求的连续理解和主动服务能力，智能化程度较低。

因此，在下一个版本的迭代中，我们计划利用 AIGC 技术深度理解视频内容，提高搜索结果的准确性，减少用户筛选的时间，更好地识别人类语言的准确性，以实现更智能的视频推荐和搜索结果展示，进一步提升用户的整体体验。

我们希望，在“三体共创”模式的加持下，其方案将继续为用户带来前所未有的视觉感受和操作体验，为人们的智能生活带来更多的惊喜和满足。

## 个人云存储

上文以联想智能投影产品为例，讲述“三体共创”模式在软硬件结合的产品设计和开发中的作用。现介绍如何变通“三体共创”模式，并应用于个人云存储的软件 UI 设计过程。

### 项目背景

在智能生活领域，未来的消费电子产品有四个明显趋势，分别是带宽高速化、屏幕共享化、计算云端化和数据随身化（见图 30）。

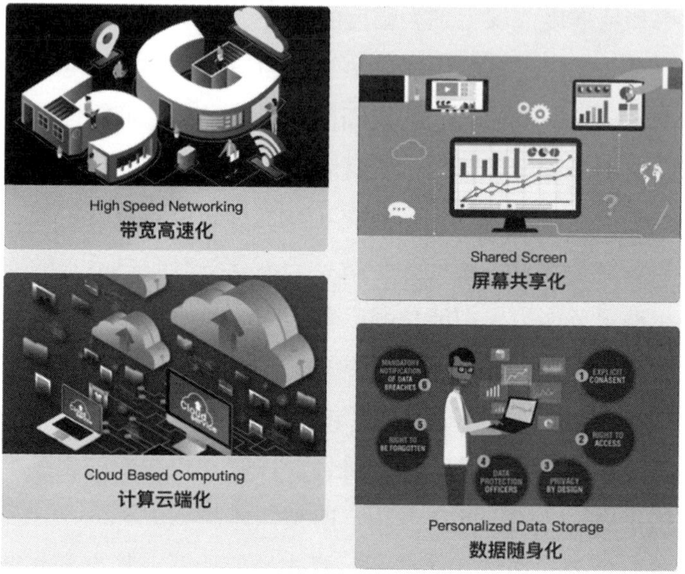


图 30　智能化趋势

我们从数据随身化的场景切入，发现个人用户创造和积累的数字内容不断增加，照片、视频、音乐、资料文件等个人数据存储的需求不断增加。同时，用户数据存储方式和使用习惯逐渐呈云端化，远程访问、数据共享成为当前数据的主流应用模式。但是伴随公有云的限流等影响，用户对隐私保护、数据丢失、存储空间等数据隐私和安全问题越发重视，因此，用户对可远程应用的本地化数据存储需求日益增加。

当时市场中已有一些传统网络附加存储（Network Attached Storage，NAS）厂商提供成熟的本地化存储解决方案。传统 NAS 主要应用于企业环境中，用于数据存储、文件共享、备份和恢复等任务。其产品通常具有高性能、可扩展性和强大的管理功能，以满足企业需求。在向个人及家庭消费市场提供产品时，传统NAS厂商多数基于企业应用的底层架构，在产品配置、功能及使用环境上进行消费场景适配，其产品架构及技术应用主要以企业环境为出发点，应用场景专业性强，目标人群相对较窄，对普通用户具有一定的使用门槛。因此，在技术应用及使用操作等方面仍有较高的门槛，对非技术背景的普通用户而言，学习和使用成本极高，造成NAS产品无法在大众消费市场快速普及。

此背景下，我们希望打造一款安全可靠且适合普通用户使用的NAS产品，实现数据随时存取、自动备份、安全共享、极速传输的功能，帮助用户构建属于自己个人和家庭的数据中心。

### 产品预研和需求洞察

人们的生活正向着智能化发展。在照片、视频、资料文件等个人数据不断增加，且用户的数据存储方式和使用习惯逐渐呈云端化变化的背景下，智能存储产品应运而生并渐渐进入大众视野。

近年来，在数据存储领域，用户对隐私保护、数据丢失、存储空间等问题越发重视，由此产生的需求变化让我们不禁思考——在智能时代的发展浪潮下，需要为用户打造一款怎样的智能存储产品？如何撬动用户对这类产品的需求？

#### 洞察用户需求

用户需求洞察应结合产品进行。设计团队只有解构现有的数据存储产品的使用现状、体验，才能切实了解用户的使用习惯，挖掘他们的痛点与需求。

因此我们聚焦数据存储产品，综合思考用户存储的数据量、数据类型、数据存储行为及数据使用习惯等因素，将目前用户主要应用的产品分为移动硬盘、付费网盘、手机及 NAS。

那么，NAS 是什么呢？它其实是一种由存储设备与自带的系统软件组成的专用数据存储服务器，让用户能够通过网络集中管理数据，使用更为便捷。通过研究使用以上产品的用户群体，我们发现在不同性别、家庭结构、工作的用户中，各类数据信息占比差异较大——从各类用户存储内容和使用频率角度看，用户每天都会使用工作资料及影视内容。同时，各自的使用方式与习惯也存在差异。

➲ 对比现有数据存储产品

调研各类数据存储产品使用现状，对比了解它们各自的优势与使用人群特点。

移动硬盘产品：使用移动硬盘的用户普遍采用多块硬盘分类存储的方式对工作资料、影视游戏等个人数据分区存储，操作简便加上良好的兼容性与可靠性，提升了用户的使用体验。

付费网盘用户：付费网盘用户需要大容量空间，主要保存个人或家庭的娱乐内容，比起将资源下载到手机或电脑上再观看，他们更愿意通过客户端平台在不同平台上直接阅览。对这部分用户而言，空间大、便于分享、下载资源丰富、多平台兼容、性价比高及数据不会意外损坏等优点不断促使他们使用网盘存储数据。

手机用户：手机的存储内容主要是拍摄的照片、视频及中转工作文件。对用户来说，手机更便于携带、查找及分享数据，能较好地保护个人隐私。

对比其他产品，NAS 具有明显优势——较移动硬盘更快的连接方式，远程访问和自动同步等功能使之比起个人更适合家庭使用，并且与付费网盘相比，它不仅能保护个人数据，且支持高清视频投屏观看。

NAS 产品相对于其他产品的优势如图 31 所示。

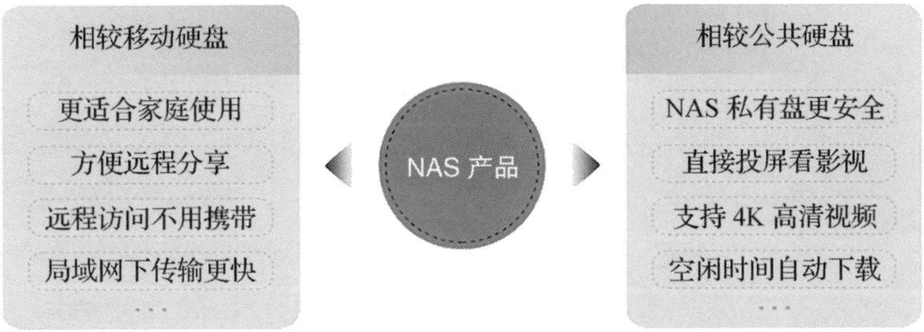


图 31　NAS 产品相对于其他产品的优势

基于上述分析，我们可以清楚地看到数据存储产品各自的优势，这些优势正是不断吸引用户使用的关键驱动要素。除此之外，我们始终秉持设计初衷，通过挖掘用户痛点，打造更为契合用户需求的解决方案。

➲ 挖掘用户痛点及期望诉求

我们通过调研，总结梳理出用户在各类应用的主要痛点、对产品的未来期望及他们当前的解决方案（见图 32）。

目前，移动硬盘用户通过搭配使用网盘来解决他们的痛点，而付费网盘和 NAS 用户通过辅助使用移动硬盘或 U 盘来实现便捷管理和保护个人隐私的目的。

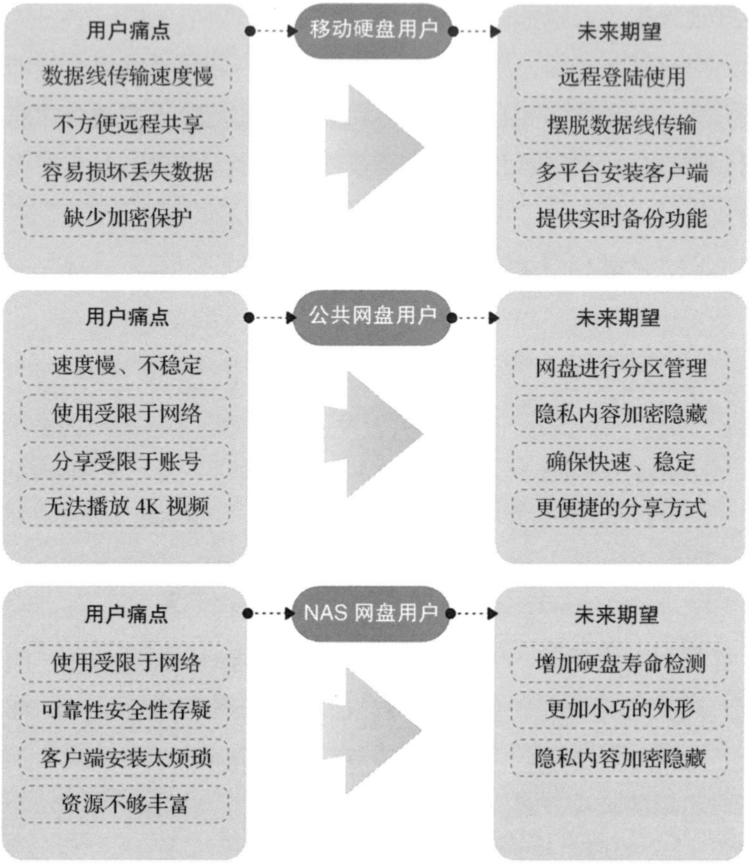


图 32　各主要类别存储产品的用户痛点及期望

另外，我们还发现大部分用户非常重视照片整理功能，期望能够增加照片去重、多重智能管理逻辑等功能，实现更贴心的照片管理筛选，享受更个性、更智能的使用体验（见图 33）。

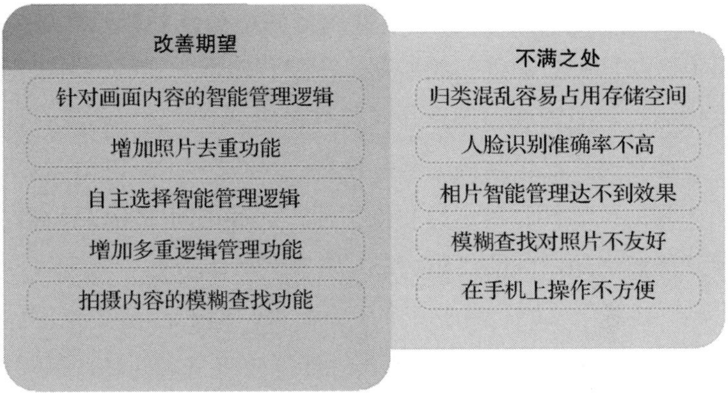


**图 33 大部分用户对照片整理功能的需求**

完成这部分的调研分析后，我们洞察到尽管使用的产品不同，但用户群体之间存在重叠、趋同的使用习惯与需求。

基于这些趋同的使用习惯与需求，我们从主要存储产品类型、用户的数据存储量、使用行为习惯和需求等维度进行调研及分析，提取、整理不同用户群体的痛点，以此为方向，完成用户画像的构建。

### ➲ 构建用户画像

➢ *从用户角度看 NAS 产品，找到产品定位*

构建用户画像前，我们针对 NAS 产品进行了用户调研，从用户角度了解目前 NAS 产品的现状。

用户了解度：调研不同用户发现目前 NAS 智能存储类产品因相关的宣传推广少，只有对科技产品感兴趣和身处 IT 环境、受环境氛围影响的用户对此有所了解，了解度相对其他产品较低。

购买阻力：用户对于 NAS 智能存储产品有其操作便捷、安心备份、功能更智能的初始印象，用户普遍认为它能够解决他们的使用痛点。但智能存储产品同样存在痛点，相较于传统存储设备，智能存储产品价格高，实际使用人群少，介绍和操作过于专业，产品的可靠性、稳定性和维护性，远程访问体验以及数据隐私保护等成为用户的购买阻力。

购买意愿：对于 NAS 现有用户而言，他们的购买意愿建立于品牌技术实力与产品自身所具备的优势——包括同容量下的售价、容量大小的选择和功能丰富程度。这些因素会对用户的购买意愿造成一定影响。

立足上述用户研究，我们将用户痛点作为产品突破点，从中找到联想个人云的产品定位，希望联想个人云能够具有操作简便、性价比高、功能丰富多样的特点，为用户带来智能存储新体验。因此，我们框定了目标用户群体，如图 34 所示。

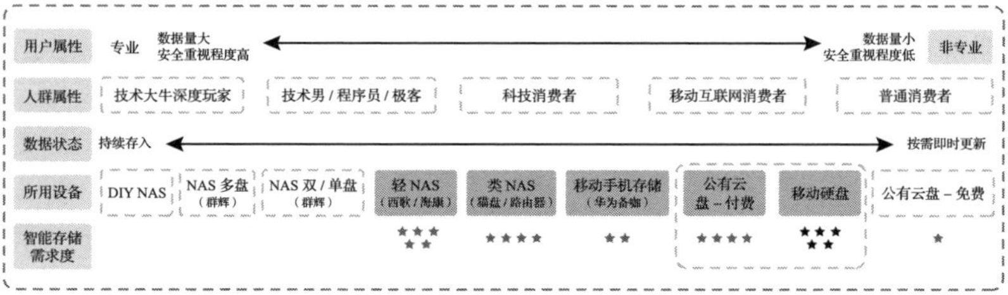


图 34　NAS 目标用户群体

➢ 用户画像构建

核心目标群体。我们把同时使用移动硬盘和付费网盘的用户确定为核心目标群体——他们的存储内容相对丰富，存储应用需求更大，但目前移动硬盘和付费网盘并不能很好地解决他们对自动同步备份、远程分享、工作及个人内容区分、多平台兼容、摆脱数据线连接使用等需求痛点。

核心用户群体的用户特征、行为习惯和需求痛点汇总见表 3。

**表 3　核心用户群体的用户特征、行为习惯和需求痛点汇总**

| 项目 | 具体表述 |
| --- | --- |
| 用户特征 | · 存储空间需求大<br>· 较多出差或旅游机会<br>· 看重传输速度<br>· 看重数据安全和隐私<br>· 会根据硬盘容量计算价格<br>· 对新科技产品感兴趣 |
| 行为习惯 | · 工作与个人内容分开存储<br>· 借助公共网盘分享内容<br>· 经常下载网络资源<br>· 随身携带移动硬盘 |
| | · 使用公共网盘获取下载资源<br>· 经常手动备份手机 / 电脑内容 |
| 需求痛点 | · 依赖数据线与电脑连接使用<br>· 不能自动同步或备份<br>· 不能多人同时分享存储内容<br>· 携带的移动硬盘容易意外损坏<br>· 无加密保护，存在数据丢失风险<br>· 不能多平台共享存储内容 |

有着较大存储空间需求、注重同步、注重按需及时查看和更新的付费网盘用户是我们需要撬动的潜在用户群体。面对这部

分用户，我们需要针对缺少加密保护、NAS 网盘安装过于专业、数据丢失、无法多人多设备共享、照片智能管理功能等痛点，打造契合的解决方案，撬动他们的潜在需求，以实现后续用户转化。

潜在用户群体的用户特征、行为习惯和需求痛点汇总见表 4。

**表 4　潜在用户群体的用户特征、行为习惯和需求痛点汇总**

| 项目 | 具体表述 |
| --- | --- |
| 用户特征 | · 付费公共网盘用户<br>· 存储空间需求大<br>· 更换存储设备对价格敏感<br>· 对新科技产品接触较少 |
| 行为习惯 | · 经常用手机查看存储内容同步<br>· 备份手机 / 电脑重要内容<br>· 借助移动硬盘备份重要内容<br>· 常整理和查找照片 |
| 需求痛点 | · 公共网盘速度慢、不稳定<br>· 公共网盘内容丢失（被和谐）<br>· 公共网盘无法播放 4K 视频 |

➲ 产品功能预设和评估

我们采用 KANO 模型，评估智能存储产品现有功能属性，并依照其对用户的重要性及满意度影响进行分层挖掘和洞悉，为个人云产品功能预设与后续推广做好准备（见图 35）。

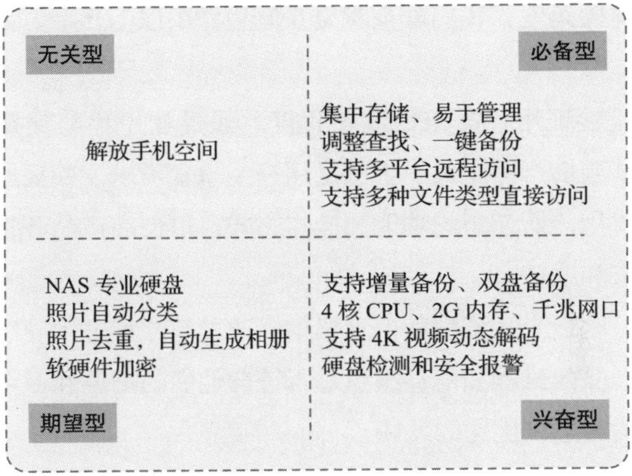


**图 35　智能存储产品功能评估，助力个人云产品功能预设**

软件交互和视觉设计

对个人云 NAS 而言，软件操作体验是影响用户感知的首要因素。基于此，我们精心打磨，打造了联想个人云 UI 系统，以期为用户带来更加便捷的智能化存储体验。

➲ 软件交互原型设计

NAS 为软件重度交互产品，拥有手机端和 PC 端两类客户端，用户 95% 以上的使用场景都是依托软件端完成的。因此该项目需要在重度开发前，对软件的结构层和架构层设计进行充分的验证和评估，以便尽早发现和解决潜在的问题和缺陷，从而节约时间和成本。及时改进设计可以在产品开发过程中逐步优化用户体验。

从体验角度，我们着重对交互原型做了以下几个方面的设计和评估。

一是验证用户需求的满足程度。通过让用户与交互原型互动，评估当前产品定义能否满足用户期望和需求。验证原型是否能够提供用户所期望的功能和操作方式，以便在产品开发过程中及时调整和改进。

二是验证交互流程和信息架构。通过与原型进行导航和交互来测试产品的流程和信息组织是否符合他们的期望和习惯，从而提供有关改进和优化的反馈。

三是评估用户界面的可用性。用户可以尝试使用原型完成任务，评估用户界面的可用性和易用性。观察用户的行为和听取他们的意见，可以发现界面设计中存在的问题和改进的空间。

四是探索用户反馈和偏好。通过让用户实际使用原型并提供意见，产品团队能及时了解用户喜好、偏好和痛点。这些反馈有助于优化产品设计，使其更符合用户期望，并提供出色的用户体验。

表 5 是可用性测试评估原则的汇总。

**表 5　可用性测试评估原则**

| 原则 | 细化说明 |
| --- | --- |
| 原则一：状态可见 | 提供显著的系统状态：必要的反馈、反馈是否容易理解、让用户误解的状况 |
| 原则二：符合用户的现实习惯 | 应该讲用户的语言，使用用户熟悉的词、句和概念。系统还应符合真实世界中的习惯，信息应该按一个自然、合理的顺序出现 |

续表

| 原则 | 细化说明 |
| --- | --- |
| 原则三：撤销重做原则 | 当用户错误地使用系统的功能时，他们需要一个清晰的紧急出口离开当前不必要的状态，支持撤销和恢复的功能 |
| 原则四：一致性原则 | 用户应该不需要考虑是否不同的用词、情况和行动代表同样的东西，设计要符合相应的传统习惯，包括界面元素、布局、命名、反馈、文字、间距 |
| 原则五：防错原则 | 用户容易控制界面上的元素、输入时的限制、避免太相似 |
| 原则六：识别而非记忆 | 过于复杂的操作、寻找信息而中断、符号误导、跳转或层次太多 |
| 原则七：灵活高效原则 | 为用户提供捷径，这些捷径经常可以大幅提高熟练用户的使用效率，自动化、默认值、快捷方式的设计 |
| 原则八：美观、精炼的设计 | 用户界面应美观、精炼，不应该包括不相关或不常用的信息 |
| 原则九：容错原则 | 协助用户认识、分析和改正错误，精准指出问题所在，提供有效解决方案 |
| 原则十：人性化帮助原则 | 帮助信息准确，能够及时显示或被找到 |

可用性测试任务设计流程如表 6 所示。

表6　可用性测试任务设计流程

| 环节 | 任务说明 | 观察及提问 |
| --- | --- | --- |
| 产品介绍 | 该产品是基于家庭使用场景的一款智能数据存储设备，可实现个人及家庭成员的数据私有化存储、远程查看、协同操作及管理等，同时可进行家庭成员之间的数据共享。此外，该产品还提供智能相册功能，可随时随地查看存储在设备中的照片，时刻回忆家庭生活的美好瞬间 | · 产品介绍中吸引您的功能或描述是什么？为什么？<br>· 您和家人是否使用过类似的产品？如何看待智能相册功能？<br>· 您在购买 NAS 产品时如何考虑智能相册功能？ |
| 任务一 | 自主体验 | · 观察主动点击了哪些页面？点击页面的原因是什么？<br>· 在哪些页面停顿？为何停顿？<br>· 过程中有哪些疑问和不满意的地方？（视觉界面、入口、交互路径等）<br>· NAS 比较关注哪些方面？在 App 端操作比较关注哪些方面？为什么？ |
| 任务二 | 产品介绍：该产品可以在多用户之间使用，但其中只有一个用户为管理员，其他用户需要通过管理邀请方可使用设备，邀请方式为管理员向受邀者发送二维码。请您在 App 中体验【邀请用户】功能 | · 任务完成情况记录<br>· 过程中遇到了哪些问题？（视觉界面、入口、交互路径等）<br>· 如何看到这种邀请方式的？有何建议 |

续表

| 环节 | 任务说明 | 观察及提问 |
| --- | --- | --- |
| 任务三 | 请您在 App 中体验【上传图片】【下载图片】【分享图片】功能 | · 任务完成情况记录<br>· 过程中遇到了哪些问题（视觉界面、入口、交互路径等）<br>· 有何建议 |
| 任务四 | 请您在 App 中体验【查看您之前存储的文档】【查看家人分享给您的照片】【查看 2019 年 4 月的照片】 | · 任务完成情况记录<br>· 过程中遇到了哪些问题（视觉界面、入口、交互路径等）<br>· 如何理解【我的分享】【公共空间】<br>· 查看照片时选择的入口是什么。为什么选择这个入口<br>· 希望在场景分类中看到哪些场景<br>· 对于回忆分类内容的期待 |
| 任务五 | 对手机进行照片备份 | · 任务完成情况记录<br>· 过程中遇到了哪些问题（视觉界面、入口、交互路径等）<br>· 日常使用的工具功能有哪些？对于工具区域的看法 |

➲ 软件视觉风格设计

传统智能科技产品界面风格以简洁科技为主，但本产品目标用户及使用场景以非科技家庭用户为主，不同于以往科技工具类产品定位。基于该产品定位，我们在软件界面风格上进行了品类突破性创新，希望呈现温馨的家居风格。

在设计过程中，我们依然邀请了大量用户参与视觉风格的共创。了解到用户对不同设计元素、颜色、图标、排版等的喜好，确定用户偏好的风格和设计趋势，并在界面设计中加以应用，提高用户对产品的好感度。根据用户的偏好，我们对多个设计方案包括颜色方案、图标风格、排版布局等进行设计优化和决策，使界面更具吸引力和可用性，提升了用户的情感连接和认知享受，提升整体用户体验质量。

视觉设计方案评价指标如图 36 所示。

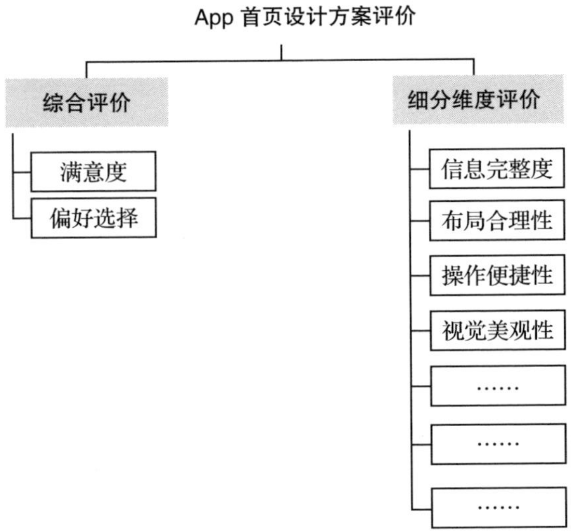


图 36　视觉设计方案评价指标

设计方案验证评价结论如图 37 所示。

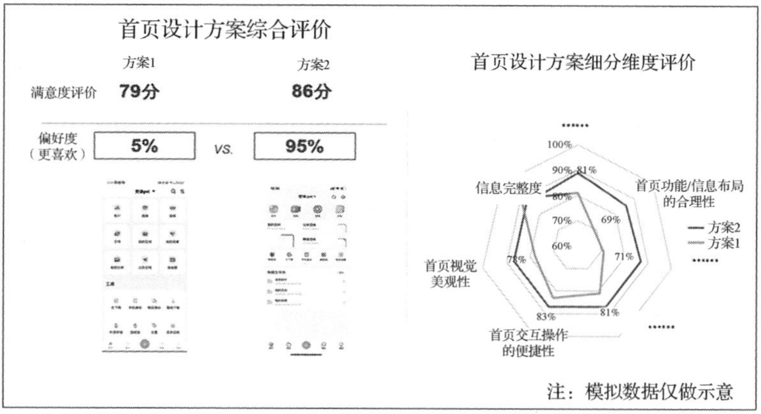


**图 37　设计方案验证评价结论**

解析用户体验，构建产品优化策略

一款产品是否能够持续为用户带来良好的服务和体验，与功能优化、升级迭代有着紧密的关系。用户的反馈不仅是我们打造产品的核心，而且是我们在产品升级、迭代时关注的要点。因此，我们在 NAS T1 上市后时刻关注用户反馈，追踪用户声音。在用户积累一定使用场景后，直接触达终端用户，通过定性访谈深入了解用户的实际使用反馈，洞悉当前产品存在的痛点和短板，挖掘体验优化机会点。

➲ 审视用户需求，定位核心用户

在我们的用户画像里，核心目标群体是同时使用移动硬盘和付费网盘的用户。对这部分用户而言，联想个人云能够解决大存储容量、数据分区、同步备份、远程分享等痛点，满足其使用需求。聚焦这些目标用户，我们开展了 NAS T1 的回访调研工作。

我们根据对NAS产品的了解程度及其使用行为特征，对受访用户进行人群细分，划分为NAS"小白"尝鲜者、NAS初试玩家及NAS成熟经验玩家三类，分析每类人群的购买动机及产品需求，验证目标人群定位策略。

NAS"小白"尝鲜者——核心目标人群。这部分用户对NAS产品了解不深，主要因工作需求使用T1——他们对远程访问及下载、访问大文件有需求，因此工作场景中主要使用多端备份、手机远程访问及分享等功能。同时，他们也在家庭场景中使用T1。

NAS初试玩家——潜在目标人群。这部分用户对NAS类产品有一定的了解，并具备较强的技术与实操能力，同时对售价更敏感。他们同样将T1应用于工作与家庭场景中，以兼顾个人工作办公与家人家庭娱乐的需要。

NAS成熟经验玩家，有较强技术与实操能力，工作上已配置其他解决方案，购买T1主要用于家庭娱乐，为有使用需求但技术操作能力较弱的家人提供数据备份、视频在线观看等功能服务。

梳理回访用户的使用特征，确定核心目标人群示例如图38所示。

基于这部分用户调研，我们发现，尽管不同用户对T1的使用需求及应用场景有重叠、趋同，但T1更适用于对操作要求不高、有一定存储及访问需求的用户。这符合我们为个人云打造的产品定位——操作简便、性价比高、功能丰富多样，即使"小白"也能轻松上手，所以，我们确定NAS"小白"尝鲜者为核心目标人群。

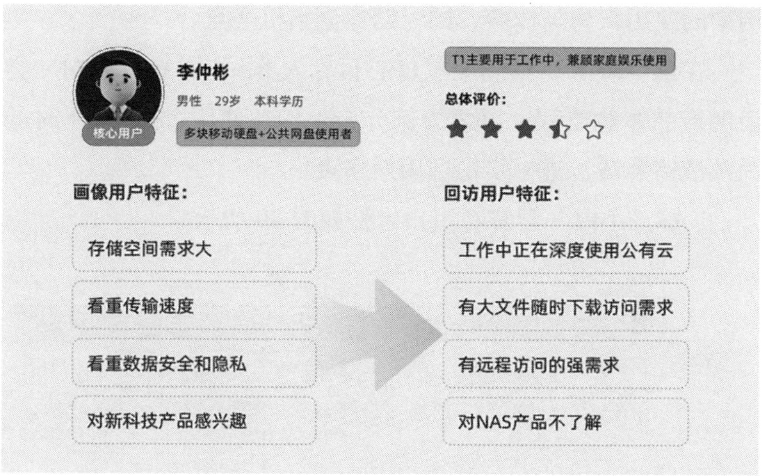


图 38　梳理回访用户的使用特征，确定核心目标人群示例

➲ 从场景到旅程，识别创新机遇

完成上述调研工作后，我们已初步了解到不同用户的特征及主要使用场景，并找到核心目标人群，但要实现对产品的优化与升级，只有这些内容是远远不够的。

我们以此为基础，根据上述三类用户群体使用联想个人云 T1 的体验，贯穿“购买前—购买中—购买后”全流程绘制用户旅程图。从使用行为、触点、情绪变化等维度进行分析，找到产品亮点及用户痛点。

“体验旅程”呈现了每类人群追求目标的完整体验经历。为联想个人云 T1 提供了该类人群一系列的体验过程，并在整个体验过程中记录人们在做什么、有什么样的感受和想法，通过可视化信息，使体验的无形化为有形。我们通过体验旅程进一步探寻用户的使用行为与体验，同时洞察创新机会点。

在这一环节，我们聚焦核心目标人群——NAS“小白”尝鲜者的产品体验旅程，以之为例分析他们在使用个人云 T1 时的行为及情绪反馈，进一步挖掘用户痛点。

NAS“小白”尝鲜者用户旅程如图 39 所示。

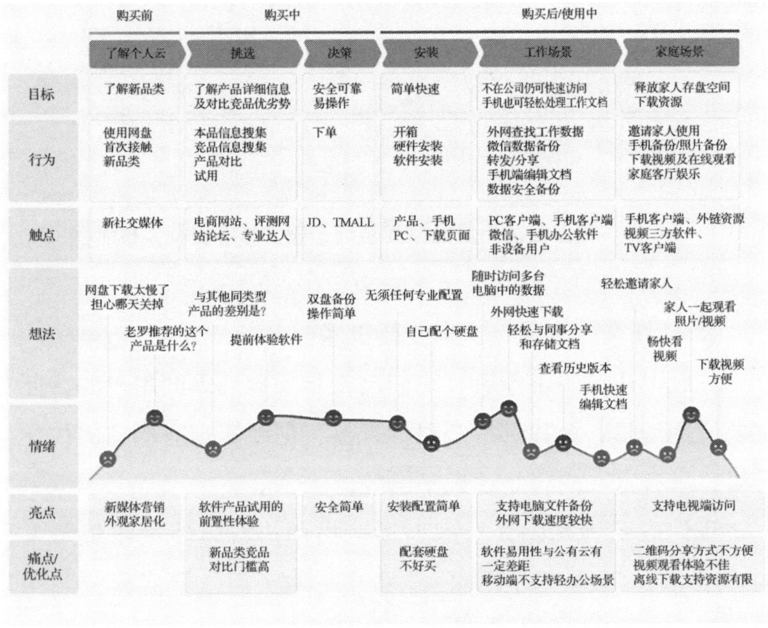


图 39　NAS“小白”尝鲜者用户旅程

如前文所述，这部分用户主要在工作和家庭场景中使用 T1。因此，我们主要对用户旅程图上这两个环节内所出现的用户行为及反馈进行分析。

分析发现，当 T1 能够满足用户电脑备份、快速下载数据等需求时，用户情绪呈上升态势。但在工作环境中，T1既无法实现移动端轻办公，也不支持灵活备份、资料转发，这影响了用户体验，情绪曲线出现下滑。而在家庭场景中，尽管T1能实现用户对照片等珍贵数据的备份需求，但二维码分享方式不方便、视频格式兼容性不足、下载资源有限等痛点仍使用户体验不佳，情绪曲线呈波谷状态，可见这些亟待解决的问题仍对用户造成困扰，这正是我们挖掘、探寻的用户痛点。

### 剖析核心场景，以数据驱动体验升级

构建产品优化策略后，我们通过软件后台埋点数据和定量问卷调查等方式，将用户行为和态度数据进行有效整合与剖析，以数据驱动用户需求的挖掘和产品体验的迭代升级。

#### 立足功能场景，挖掘应用体验价值

根据框定目标用户的调研结果，我们了解到核心目标用户与潜在用户群体不仅将个人云应用于工作中，同时也兼顾家庭场景，用于家人的娱乐放松。而在后续结合使用场景与角色进行梳理、分析的过程中，发现个人云产品以家庭多人使用为主，随着家庭分享人数增多，场景需求呈现多元化。面对这样丰富多元的使用场景，我们应如何实现用户整体使用体验的更新呢？

首先锁定的用户是以生活娱乐为主、工作和学习为辅。然后，聚焦用户日常使用场景，通过定量调研方式深入分析用户存储数据类型及数据格式特点，洞察并提炼出不同使用场景下核心数据类型及应用特征，确定基于使用场景提升数据应用能力的产品迭代升级方向（见图40）。

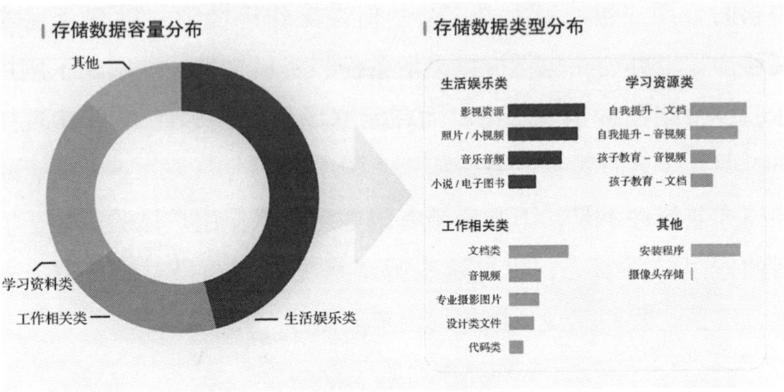


图 40　存储数据类型及应用特征

基于功能场景分类，梳理用户日常使用行为，挖掘、洞悉用户对产品功能的需求与满意度，探索个人云产品未来功能需求，为日后产品的功能升级、迭代做好准备。

➲ 聚焦触点使用行为，驱动体验优化

在完成上述的用户调研工作后，从触点层面入手，聚焦个人云用户的使用行为，分析不同客户端的用户使用行为、体验，梳理用户体验洼地，挖掘用户体验升级的核心功能与方向，打造更贴合用户使用体验的个人云产品。

基于 App 后台埋点数据进行用户行为和操作路径分析，追踪产品的关键指标和业绩。根据 App 页面各功能模块的数据分析结果，识别当前页面定义及设计的优势和劣势，推动改进和决策制定。

在这个环节，我们以使用率更高的手机客户端首页为例，结合后台行为数据进行调研与分析工作。聚焦用户在手机客户端中的行为路径，分析首页功能的用户点击量及页面操作路径，并结合数据使用场景进行整理与分析（见图 41）。如图 42 所示，当

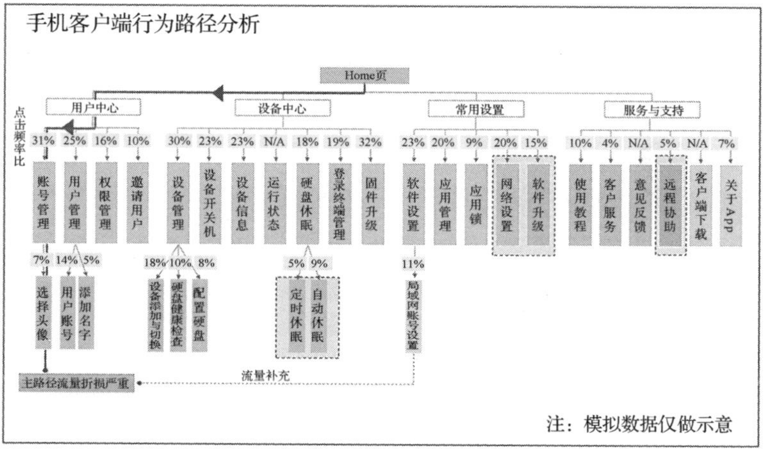


**图 41　手机客户端行为路径分析**

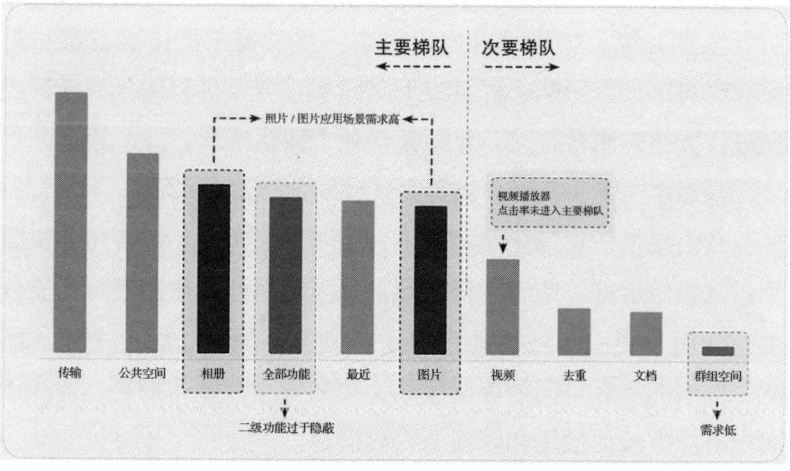


**图 42　根据用户日常使用频次，对产品功能进行排序**

前首页功能应用可分为两个梯队，与图片格式相关的功能集中在主要梯队，但点击入口分散；而作为用户主要存储类型的视频数据则落在次要梯队，用户使用度不高。此外，还发现位于核心展示区域的群组空间使用率偏低。

### 个人云软件迭代

基于以上洞察，分析用户需求及使用场景的未来发展趋势，提炼出"便捷""效率"等关键词，结合产品核心功能，对联想个人云软件交互及视觉系统做了全面更新和优化。

#### ➲ 场景化的软件使用体验

首先，根据不同终端平台的使用习惯，提供给用户照片、影视、音乐、文档四大应用的场景化体验，提升用户在不同使用场景下对核心数据的使用体验；其次，将相册、图片等分散入口统一，减少用户功能学习成本，提高用户使用效率；再次，对视频功能全盘升级，提供符合用户观影习惯和需求的体验方案；最后，更对个人、团队、群组三大空间交互方式进行优化，允许用户进行群组空间自定义，兼顾大众和个性化需求。

联想个人云手机客户端首页优化对比如图 43 所示。

我们提供的场景化使用方式，用户不仅可以一键备份手机照片、视频等数据，节省手机空间；还可以对这些数据进行智能分类，让用户更直观便捷地读取手机数据。同时，结合个人、团队、群组的三大空间的存储模式，突破安全保障的限制，旨在让用户更加方便地使用和管理个人数据。

个人云手机客户端数据分类如图 44 所示。

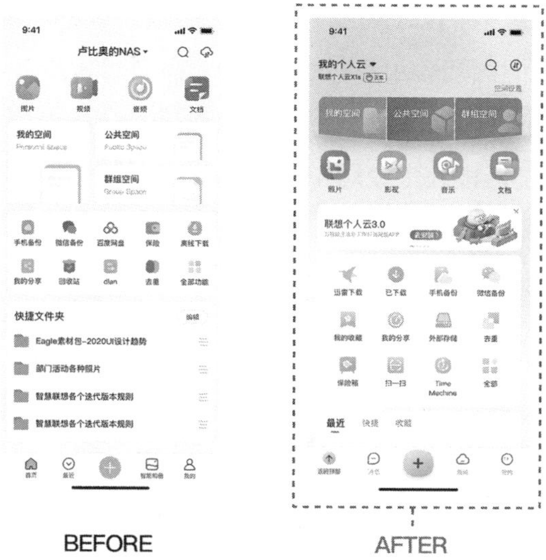


图 43 联想个人云手机客户端首页优化对比

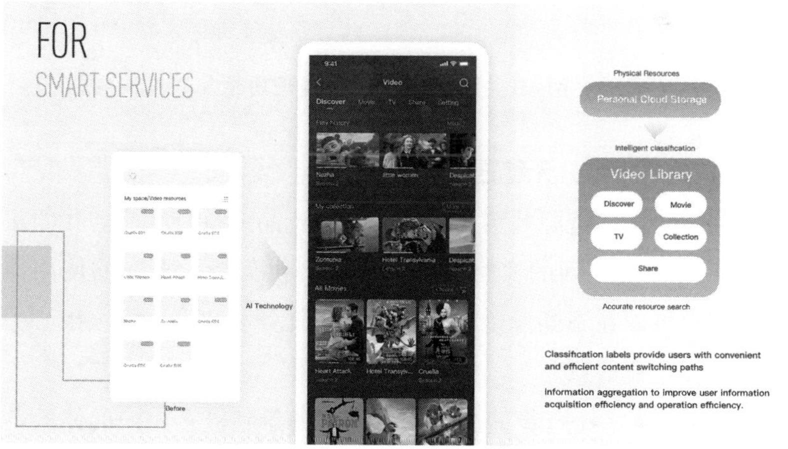


图 44 个人云手机客户端数据分类

以照片存储和管理场景为例，我们基于AI引擎推出了"一站式"智能照片管理功能（见图45）。在回忆相簿、相似照片整理、一键分享、时间轴浏览等技能的加持下，联想个人云化身为时光珍藏宝盒，将人生经历中的点滴瞬间悉数珍藏，用户既可随时随地翻看阅览，也可安全、方便地分享给亲朋好友。

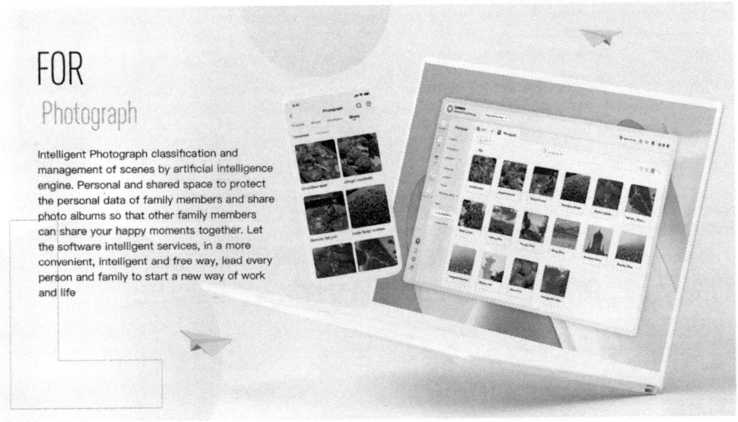


图45　个人云智能照片管理功能

➲ 多端同步，无缝连接

多端协作和资源共享是联想个人云产品的核心功能。我们实现了不同平台之间的实时数据同步，提供无缝、直观的使用体验。用户可以在不同设备之间轻松同步任务和数据，无须担心丢失或忘记重要信息。

在PC端，我们着重打造混合办公场景和极客用户的体验落地，为用户提供无限创造的平台，致力于实现设备连接、资源共享、智能软件服务、虚拟空间与物理空间的融合，让用户享受更加便捷和智能的使用体验。

个人云多端数据协同如图 46 所示。

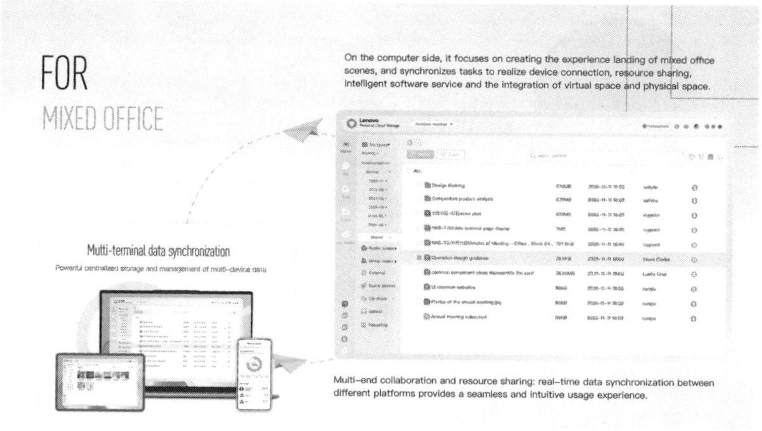


图 46　个人云多端数据协同

在智能 TV 端，我们致力于打造沉浸式的观影体验。配合联想智能投影仪和 AI 算法，为用户配备了海报墙贴膜系统，帮助用户高效管理视频资源，轻松打造家庭影音中心。不同平台之间的无感、无缝衔接，使得用户能够轻松切换设备，享受酣畅淋漓的音画体验。同时影视共享功能可以实现远程观影，让用户享受更丰富的影视资源。

个人云智能 TV 端交互界面示例如图 47 所示。

➲ 优化视觉风格设计

在视觉设计上，结合图标体系，构建软硬件一体化的设计语言。通过数学函数公式推敲不同的圆角，经过反复比对，确定 n=3 这一形状能够契合我们的设计理念。这是介于圆形和正方形

图 47　个人云智能 TV 端交互界面示例

中间的最能适配 NAS 设计语言与性质的图形，也与新款硬件产品——个人云 X1S 的外观轮廓弧度相呼应。个人云 UI 系统视觉设计示意 1 如图 48 所示。

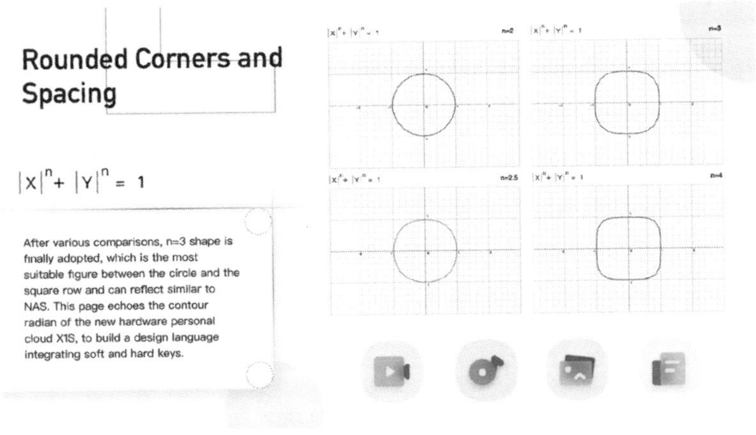


图 48　个人云 UI 系统视觉设计示意 1

同时从情感出发，解读用户行为背后的情绪感受来挖掘被忽视的需求，力求转化用户在面对庞杂数据时的焦虑感和挫败感，设计灵动轻盈的组件库样式。

个人云 UI 系统视觉设计示意 2 如图 49 所示。

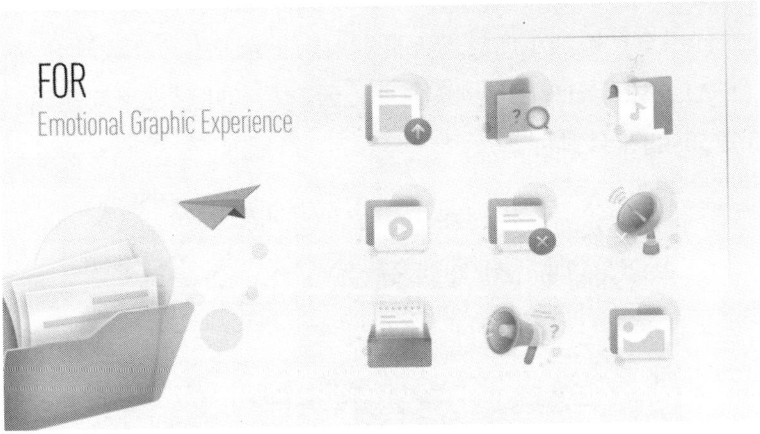


图 49　个人云 UI 系统视觉设计示意 2

"三体共创"模式成果

联想个人云产品是我们灵活运用"三体共创"模式的一个典型案例。在项目中，UE 和 UI 两个专业交叉融合，协同作用于产品定义、设计、开发、上市和迭代的全过程。

在整个项目过程中，个人云产品上市前完成了十个软件版本的迭代。在产品体验评估过程中持续积累了 300 位种子用户，他们与产品团队共创。分析上市后购买用户的数据，发现 85% 以上的用户均为产品定义的目标用户，验证了用户体验研究在产品早期对用户的洞察和分析结论，以及产品痛点和需求的评估结果的正确性、有效性。

NAS T1在市场上获得了用户的广泛认可，上市三个月内单品销量第一，半年内全品类销量第一。同时获得了GOOD DESIGN、Red Dot Design、DFA国际设计奖项的认可。后续我们将目标用户扩展到更广泛的人群以及中小企业客户，设计开发了NAS A1、T2、X1/V1等一系列个人云产品，并形成家族化设计，如图50和图51所示。

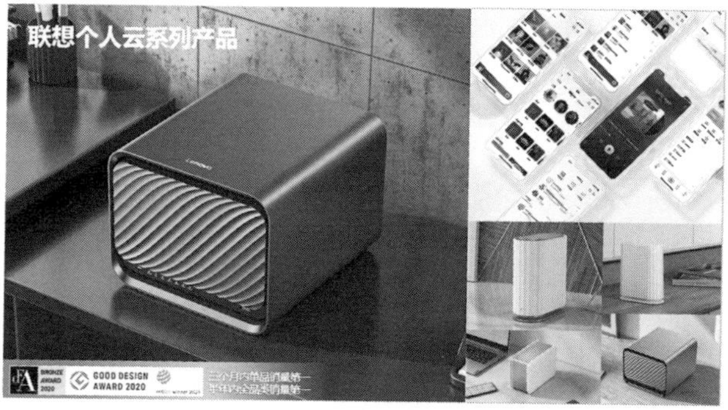


图50　个人云系列软硬件产品

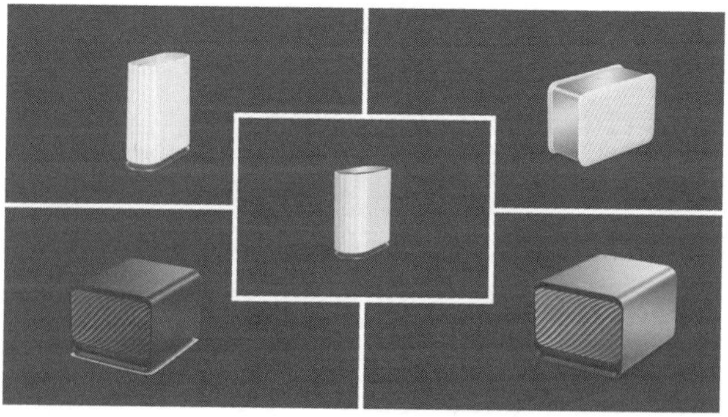

图51　个人云系列ID设计

联想个人云项目的成功，证明了“三体共创”模式对于纯软件产品的开发也是一种卓有成效的设计创新方法。这种工作方法打破了传统分工模式下的专业壁垒，使设计团队在设计过程中始终能听到用户的声音，了解用户的感受，从而打造出令用户满意和惊喜的产品。

## thinkplus 会议大屏

成功开发了一系列聚焦于智能家居、智能娱乐、智能学习等领域的消费类产品后，随着业务的多元化开展和组织战略目标的调整，我们将视角拓展到商用领域的产品设计和体验提升。因为消费和商用产品的使用人群不同，所以两类产品的体验关注点不同。通常来讲，商用产品的使用对象为企业或组织用户，更加注重业务逻辑和目标，需要更多地考虑产品的稳定性和安全性。但无论哪类产品，以用户需求为导向进行产品创新仍然是决定体验好坏的最重要因素。下文将以联想 thinkplus 会议大屏为例，讲述“三体共创”模式如何在商用产品中发挥作用并提升产品体验的。

### 项目背景

随着 5G 通信技术和显示技术的发展，以及大环境下各行业数字化转型的加快推动了智慧场景方案的不断落地，商用显示设备在更多场景下的广泛应用成为这几年显示行业的发展趋势。用户对智慧生活的追求进一步深化，催生了各个智慧场景下商用显示的新产品和新生机。

随着人工智能、云计算、物联网、4K 和 8K 超高清视频等技术的快速发展，中国视频会议市场需求持续增长。智能会议室、远程视频驱动商用交互式电子白板的增长，很多企业和组织都已开始推行混合办公模式。混合办公方式利于工作时间和地点的灵活变通，有利于协调员工工作和家庭生活之间的关系，对低碳办公也有很大意义。同时，会议场景正在大幅"下沉"到一些非会议场景，如个人办公室、自家书房等。这些场景共同构成了今天混合办公场景的新生态。这给会议大屏市场提供了新机遇和新挑战。

项目目标

随着社会智能化的发展与数字化转型，市场对商用会议大屏的需求不断增加，有数据显示，中国会议（商用）交互平板市场在 2024 年上半年的品牌出货量为 17.9 万台，同比增长 25.3%（《全球交互平板市场分析季度报告》*Global Interactive Board Market Analysis Quarterly Report*，洛图科技）。尽管涨幅可观，市场环境和竞争格局仍存在较大的变动空间。全球远程办公产业尚处于起步阶段，但相较于欧美国家 20% 左右的渗透率，我国远程办公普及率仅为 1%（《2024—2030 年商用显示行业产业链上下游细分产品调研及前景研究预测报告》，普华有策），商用会议大屏产品品类的整体渗透率较低，各大厂商加速布局商用会议大屏市场，商用会议大屏潜力巨大，联想在商用解决方案型产品上有长期的技术和研发能力积累，可结合软件、硬件和服务实力，形成该品类的市场突破。

为打造出联想 thinkplus 会议大屏的整体解决方案和极致体验，我们希望立足于商用市场，以商用用户场景需求为产品出发点，完成产品体验定义，包括以下几个方面：用户及场景细分和定义？产品解决方案应具备哪些功能？我们的解决方案能否满足需求？产品解决方案优化和迭代的方向是什么？

在产品从 0—1 打造的过程中，为了保障产品面向终端用户时具有相应的体验竞争力和差异化体验，我们在产品早期定义阶段即引入用户体验管理流程，并仍以“三体共创”模式保障产品在全生命周期研发过程中的软硬件设计品质和体验一致性。用户体验管理将产品开发周期分为“策略阶段”“执行阶段”“评估阶段”，形成从产品定义到上市跟踪的闭环体验管理。

基于产品开发周期，以及对业务需求和目的的剖析和拆解，我们确定与开发各阶段适配的设计和用户体验的研究目标。

在策略阶段，我们的目标是明确会议大屏产品的目标用户，挖掘目标用户的核心需求和痛点，探寻并明晰会议大屏产品的市场定位及发展竞争策略，ID 和 UI 也会进行趋势调研和竞品分析，探索产品造型和软件界面风格。

进入执行阶段，ID 将输出产品形态和 CMF 设计方案，并跟进产品工程化；UI 将梳理软件交互逻辑，输出低保真 / 高保真设计方案；UE 将验证联想预设会议大屏产品的概念和可行性，重点是快速迭代和验证已定义的核心功能，确保产品及设计满足用户基本需求，使用户对产品有足够的购买意愿。

评估阶段分为上市前评估和上市后迭代反馈。产品上市前，我们将确保联想会议大屏产品在市场上能够提供优质的用户体验，满足目标用户的需求和期望，主要包括：发现当前产品的问题和痛点、评估产品易用性、收集用户反馈及意见、快速修复和改进产品。产品上市后，我们一方面要迭代和优化现有产品的体验，提升用户满意度和黏性；另一方面要洞悉产品潜在需求和创新点，为用户提供新的功能和体验，为用户带来高效和便捷的交互体验，增强下一代产品的体验竞争力。

"三体共创"模式和用户体验管理体系在项目开发中的应用

➲ 策略阶段

在项目的策略阶段，需求调研是至关重要的第一步工作。一方面，它明确产品的设计方向和定位，帮助团队在后续的设计工作中保持一致性，确保产品或服务的设计能够真正满足用户的需求和期望；另一方面，避免了设计后期发现产品与市场需求不匹配，避免资源和时间浪费情况的出现。

繁多、复杂的演示设备，以及其带来的单调呆板的会议形式，在会议室内筑起了无形的"隔阂"，拉开了发言者与听众之间的距离。

当前，混合办公模式日趋常见。召开远程会议的时候，这种隔阂更加明显，发言者变成"墙上的画面"，与参会各方的互动更加困难，大家无法清楚地观察到对方的动作、表情，无法便捷地分享文档、资料等。

与此同时，传统远程会议中大量的音视频专业设备操作复杂，一旦某一设备出现问题，故障排查、修复更是难上加难。因此，“资深职场打工人”，往往会有这样的体验：临近开会，还在手忙脚乱地调试麦克风、摄像头、显示器等音视频设备；会议中，画面卡顿、不清晰，多人合作处理文档困难，交互迟滞；会议后，高效地回溯和分享会议内容亦是难题之一。

智能手机的出现改变了每个人的数字生活，一部智能手机能完成的事情，不需要在 MP3 播放器、相机或者掌上游戏机之间切换。同理，在传统会议室里，那些在笔记本电脑、投影幕布、白板之间跑来跑去的职场精英们，也期待一款可以解放自己的工具。

面对这些问题，业界在 2017 年推出会议大屏（会议平板）这一新品类。与传统会议室常用的投影仪相比，会议大屏在亮度、对比度、色域等指标上更具优势，显示效果更好。而更重要的是，由于搭载了触控屏及摄像头、麦克风等配置，会议大屏的互动性更强，更适合需要大量讨论的本地会议，以及需要实时互动的远程会议。

会议平板既可以是一台性能强大的智能电视机，也可以是一块随时互动的电子白板，更是自带音视频功能的远程会议终端，让会议发言者更专注于会议本身，通过大屏互动设备展现 PPT 内容，并通过触屏随时分享自己的灵感，或邀请同事上台点评 PPT 内容，并对会议内容进行更深入的讨论。

基于以上发现，我们认为新型智能会议平板作为提升协同效率的有力工具，正在成为现代办公场景的核心枢纽设备。结合业务需求及用户体验管理流程，团队的软硬件设计和用户研究专家协同合作，梳理产品定位、厘清产品策略和功能定义，并明确产品开发方向和体验目标。

➢ 目标用户及场景梳理

我们走访了学校、医院、政府机构及金融、互联网、传统制造业等行业的企业，通过小组讨论、头脑风暴、一对一采访、问卷调研、焦点小组等工具收集用户意见和建议，深入剖析挖掘会议大屏目标市场及用户需求，了解目标用户特征及典型应用场景诉求，为产品定位策略及功能定义提供前期支持。

会议大屏目标用户研究框架如图 52 所示。

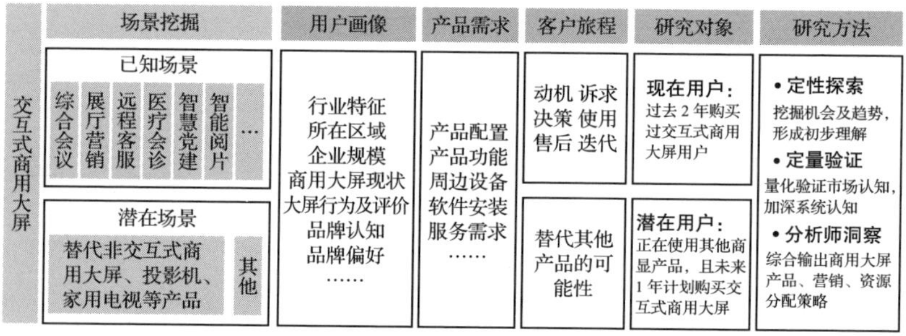


图 52　会议大屏目标用户研究框架

调研后发现，在混合办公诸多场景下，用户在"本地协同"和"远程会议"使用中还有亟待解决的问题。这里仅列举若干典型场景。

高管办公室：会前资料准备烦琐；键盘或数字键盘操作，加入和管理会议不方便；远程会议过程中，屏幕清晰度不佳，收音不清晰。

会议室：扬声器、麦克风、显示设备等零散装备导致会议室的桌面杂乱；远程沟通时容易出现网络延迟、卡顿、画面模糊不清；多人同时视频在线声音嘈杂，无法与会议内容实现有效联动等；传统会议协作不便，需要等待，交互迟滞困难。

开放空间：强烈的阳光照射影响屏幕清晰度；面对需要沉浸式体验的场景，传统屏幕智能体验较差，无法实现屏幕书写、分屏操作等功能，交互性差。

专业展示场景：医疗、视觉设计等特殊高精尖行业中，超高清图片、影像展示效果模糊不清；白板书写不流畅、远程协作沟通困难。

➢ 对标竞品体验分析及痛点挖掘

聚焦核心对标竞品产品，我们开展了全面深入的竞品体验分析，进而了解竞争对手产品和服务的体验方案现状，剖析竞品在产品设计、交互流程和客户关系等方面的优势和劣势，为定义产品和制定市场竞争策略提供宝贵的参考。

竞品调研发现，市面上现有的会议大屏往往在以下方面尚未满足用户的预期需求：触控响应时间较长，反应不够灵敏；白板软件不支持智能回溯；虽然产品宣称显示细腻、色域宽广，但缺乏低蓝光、Eyesafe 等权威认证；I/O 接口不够丰富，拓展性较差，接口位置不合理，不易插拔；售后服务尚不完备，如安装时效较长，缺少意外险、碎屏险等增值服务。

➢ 产品价值定位及功能定义

基于目标用户及核心场景诉求，结合市场竞品体验扫描洞察，确定产品的愿景和目标，并制定产品价值定位策略。

产品功能价值定位如图 53 所示。

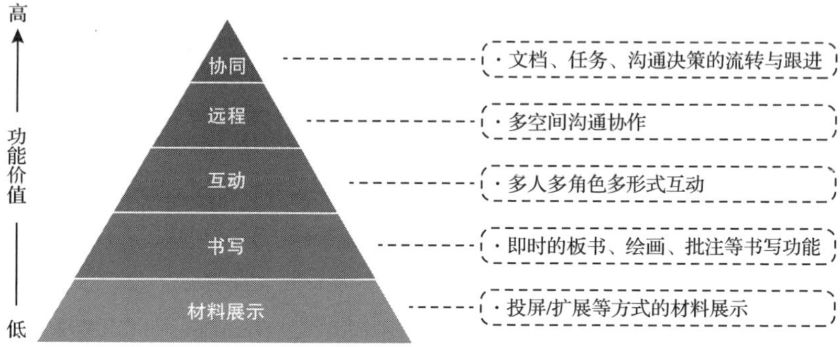


**图 53　产品功能价值定位**

通过科学严谨的用户研究方式，我们收集和整理各细分用户在不同场景的产品需求，发现用户对满足远程会议场景功能的需求增强，期待通过某种方式提升会议效率和体验。接着，利用 KANO 模型厘清功能偏好，将不同的功能分类如下，以便清晰化产品功能定义。

必备功能：超高清屏幕、多人投屏、视频会议系统、智能手势操作、前置 USB-C 接口、流畅的文件传输、远程双向控制等。

兴奋功能：按照适配的第三方应用、前置 USB-A 口、语音助手操控、互动小工具（如投票器等）、前置 HDMI 接口等。

期望功能：投屏内容的灵活设定和选择、图形和表格的智能化选择、智能化会议记录、提笔检测、云端存储、智能签到 / 人脸签到、无门槛的无线投屏。

无关功能：电子铭牌。

KANO 分析模型如图 54 所示。

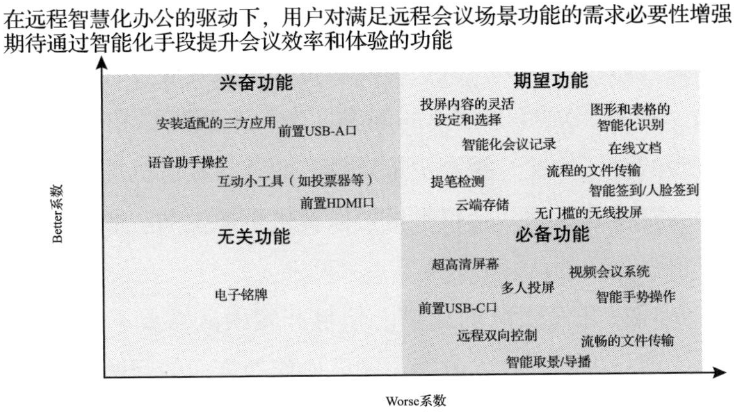


**图 54　KANO 分析模型**

➢ 体验策略明晰及制定

通过以上用户研究，我们认为 thinkplus 会议平板的目标人群主要是企业、教育、培训、演示等商显领域的用户。这些用户需要一种便捷、高效的设备来满足他们的会议和演示需求，而会议平板作为一种集多种功能于一体的新型办公设备，正好满足这种需求。具体来说，会议平板的目标人群主要包括以下几类。

一是企业管理层。他们需要召开各种会议，讨论公司的战略、管理、营销等方面的问题，会议平板可以提供更加直观、互动的会议体验，提高会议效率。

二是销售人员。他们需要向客户展示产品或方案，会议平板可以提供更加清晰、生动的演示效果，有助于客户更好地理解产品或方案。

三是培训师和教育工作者。他们需要向学生或学员展示教学内容，会议平板可以提供更加直观、互动的教学方式，提高教学效果。

四是政府机构的工作人员。政府机构需要召开各种会议，讨论政策、规划、项目等方面的问题，会议平板可以提供更加高效、直观的会议体验，提高决策效率。此外，政府机构还需要开展公示、宣传等活动，会议平板可以提供更加生动、形象的展示内容，增强公众的认知和理解。

五是项目开发团队的成员。项目开发团队需要召开各种会议，讨论项目进度、技术方案、团队协作等方面的问题，会议平板可以提供更加直观、互动的会议体验，提高团队协作效率。此外，项目开发团队还需要进行各种演示、调试等活动，会议平板可以提供更加清晰、生动的演示效果，让团队成员更好地理解技术方案和进展情况。

六是商务人士。他们需要与其他人开展商务交流和合作，会议平板可以提供更加高效、便捷的沟通效果，提高合作效率。

综合目标人群特征及诉求，基于产品差异化价值定位及功能定义，我们梳理并明晰了会议大屏产品体验策略，明确产品形态、操作界面和交互设计方向，以期提供良好的用户体验。

体验价值策略如图 55 所示。

➲ 执行阶段

重视用户需求并以之为核心构建产品是我们一直坚持并践行的原则。洞察用户需求后，流程进入产品设计阶段。这时候，设计师心中也有了较为明确的设计目标和方向，就是要为用户带来流畅、高效的会议体验。我们的设计目标如下所述。

一是提升会议效率。通过智能化的会议管理系统，实现一键

图 55　体验价值策略

式会议资料上传、共享和展示，减少会议准备时间，提高会议效率。

二是简化交互操作。探索最便捷的 UI 布局位置，适当增加设备使用引导，建立差异化视觉优势，增强操作的易用性和趣味性，使参会者能够更加便捷地互动交流。

三是打造科技美感。注重产品的外观设计和材质选择，采用简约、现代的外观设计风格，结合科技元素和创新材料，打造出具有科技美感的会议平板，为用户带来视觉上的享受。

四是降低使用门槛。简化操作界面和功能菜单，提供人性化的用户指南和培训资料，降低用户使用门槛，提高产品的易用性。

五是扩大应用范围。不断扩展新型智能会议平板的应用范围，满足不同行业和场景的需求，为各行业的用户提供全面的解决方案。

六是持续迭代升级。建立完善的产品体验升级和迭代体系，根据用户反馈，不断推出新功能和优化现有功能，保持产品在市场上的领先地位。

➢ ID 设计

职场人士每天开会时都会面对很多会议显示设备。如何让他们第一眼识别出这是专业的会议平板；更让他们第一眼认出这是 thinkplus 的会议平板，便是我们的首要命题。

thinkplus 会议平板 S+ 系列承袭了 Think 家族设计风格，在延续了坚持思考、人文关怀的品牌精神基础上，以更加年轻化和时尚化的设计语言实现美学与实用的统一。相较于其他会议大屏经常采用的深黑色，我们选择了浅色系的风暴灰为主色调，选用"细拉丝纹理 + 阳极氧化"等高精度工艺处理的高强铝合金框架，配合超窄边框设计，使得 thinkplus 会议平板 S+ 看起来简洁稳健且具有科技感，也传达了我们希望新的混合办公环境变得更加轻松、明快的设计理念。

thinkplus 会议平板 S+ 的 ID 设计效果如图 56 所示。

设计细节方面，依然体现了我们的反复推敲和探索精神。我们为 S+ 会议平板的下边框设计了一个 5° 的斜面，使用户目视接口指示 icon 的视角更加自然，窄边框的视觉效果更加突出，同时该斜面使投射在会议平板上的光影变化更加丰富、更具立体感。

机身前面板左下方配置了 USB、HDMI 等接口，并通过独创的 ThinkLatch 滑动式接口盖板进行保护，在防止灰尘进入的同时，兼具时尚感和科技美感。盖板合上时，其与前面板浑然一体，不露痕迹（见图 57）。

图 56　thinkplus 会议平板 S+ 的 ID 设计效果

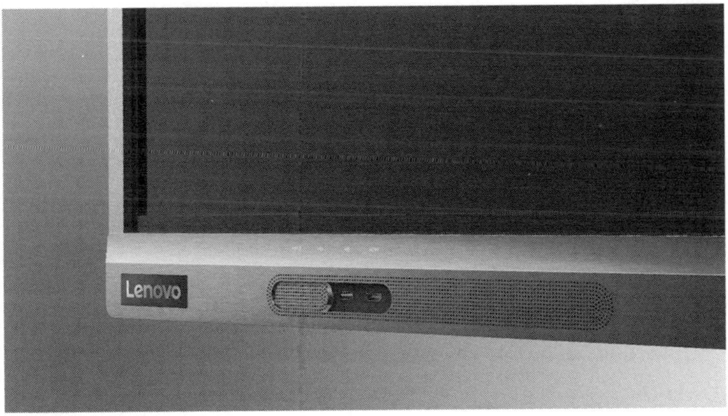


图 57　thinkplus 会议平板 S+ 的机身前面板设计

➢ UI 设计

对用户而言，UI 的作用，永远是好看的同时更加好用，既要考虑用户心理上的审美，更要考虑操作时的人体工学。作为一款提升办公效率的智能设备，thinkplus 会议平板 S+ 的软件交互系统更是我们的设计重点。我们从以下几个步骤开展 UI 设计。

一是构建场景化的思维模型。首先，建立场景化的思考模型，将"人""设备""环境"三个要素放在会议场景下，从多个角度观察三者在体验链路上的相互关系，以期发现核心的体验优化点。

从用户的视角出发，将这种相互关系分为三个层面：本能层、行为层、反思层。

在本能层，我们主要关注用户的感官体验，因为本能反应是由最初的感官体验触发的，正是这种第一印象引导用户探索的心情。而视觉接收到的外界信息占据 80%，如果视觉设计越符合用户本能水平的思维，就越可能让人接受并且喜欢。具体可以从独特的色彩舒适度、字体可辨认度、排版样式、动效等方面去设计。例如：色彩搭配——和谐、对比度适中的色彩搭配可以增加软件的辨识度和易用性；图标和按钮——简洁、美观的图标和按钮可以提高软件的品质和美感；动效和过渡效果——自然、流畅的动画和过渡效果可以增加软件的趣味性和互动性。

行为反应是指用户沉浸在产品体验中的感受。这就是用户对产品交互做出反应，继而从产品中获得价值，也就是常说的可用性。在行为层，将关注用户操作体验。会议大屏这种功能性的产品讲究效率和性能。使用产品是一连串的操作，由美观的视觉界面带来的良好第一印象能否延续，关键看两点：第一，能否有效地完成任务；第二，是否是一种有乐趣的操作体验。这是在行为层面上软件设计需要解决的问题。

反思层次与用户长期感受有关，通过引发用户和产品的共同回忆，可以将用户对回忆的正面情感转化成对产品的情感，从而提升用户对产品的认同感。反思层面的设计需要考虑用户在使用软件过程中所感受到的情感和心理体验。好的情感体验应该让用户感到愉悦、满足和有价值。为了提供更好的情感体验，我们计划从良好的互动、个性化定制、激励和反馈等方面入手：主动交互，提供流畅的互动功能，可以让用户与其他用户进行交流和分享；个性化定制，提供个性化定制功能，让用户根据自己的喜好和习惯进行设置；激励与反馈，通过合理的激励和反馈机制，让用户在使用软件过程中得到正向反馈和价值认同感。

场景化的 UI 设计思维模型如图 58 所示。

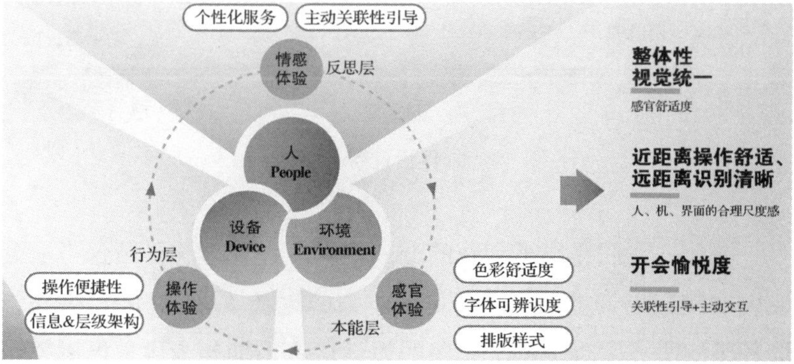


图 58 场景化的 UI 设计思维模型

基于以上场景化思维模型的分析和洞察，我们在感官、行为、情感三个层面分别提炼出对应的体验优化重点。感官层面通过导入"商务感"+"年轻化"的设计语言，实现视觉效果的整体统一和美感；行为层面实现人、机、界面的合理尺度感，做到远距离识别清晰、近距离操作舒适；情感层面通过关联性引导和主动交互实现会议时的愉悦度。

二是 Light Work 设计理念。

thinkplus 会议大屏的主要用户人群是年轻的职场人士，90 后、00 后的年轻人趋向"颜值即正义"的审美追求，对于多元、差异、有活力的事物接受程度高，追求开放与创造力。对办公的期待是"敏捷""个性""智能"，图 59 所示的是软件设计优化关键词。

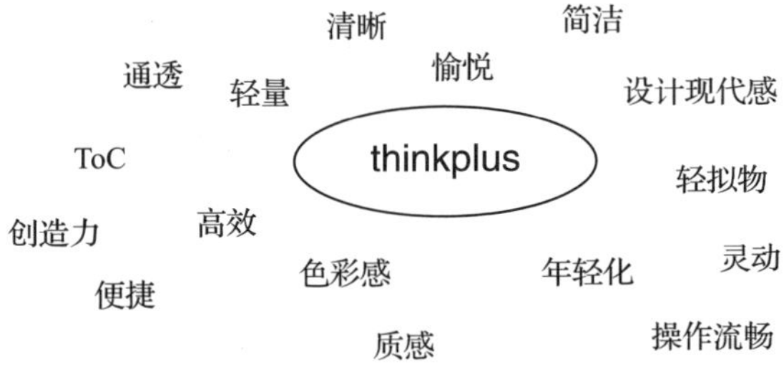


**图 59　软件设计优化关键词**

由此，我们提出了创新的 Light Work 设计理念，结合当前会议大屏使用场景更加灵活、更加丰富的现状（见图 60），为联想场景级解决方案创造一个全新的设计语言，期望为用户提供"悦然办公、激触灵感"的创意环境。

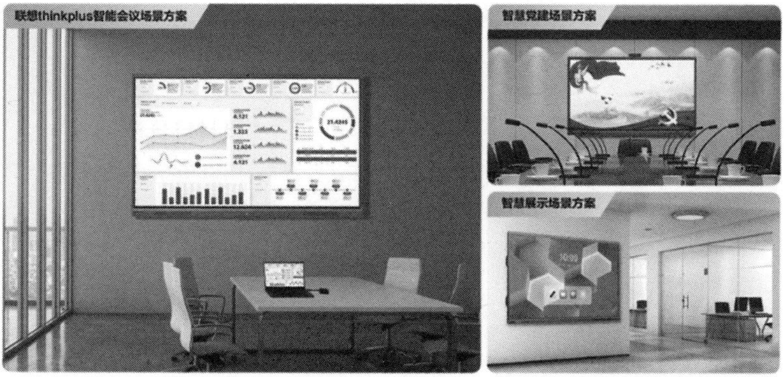


图 60　大屏使用场景更灵活、更丰富

light 有轻量、光芒、点亮几层含义，预示 thinkplus 会议大屏在方寸之间，将为用户带来如光影般无界无限的创意与想象空间，尽情激发灵感。Light Work 的设计理念相信，成功的团队是由独立思考的个体相互紧密协作组成的，就如同点点星光汇聚成的璀璨星河。

在整体设计思路上，我们从视觉和功能两方面入手。视觉方面，定位于“轻拟物”的视觉风格，通过色彩丰富的视觉感受、强调质感的细节表达，以及玻璃材质通透感的运用，将面向 B 端的商务感与面向 C 端的年轻化设计风格相融合，建立差异化的视觉优势；在功能方面，运用卡片式的布局设计，突出重点功能，增加投屏流程、设备使用引导，增强操作的易用性和趣味性。

人性化的操作体验如图 61 所示。

三是首页可触达区域分析。因为会议大屏的尺寸较大，为提升、优化用户在操作端的体验。我们以人的身高为半径，进行区

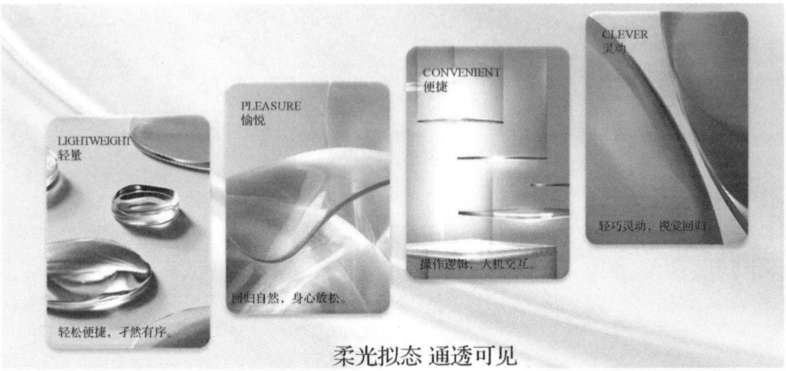


图 61　人性化的操作体验

域画圆，以测试用户在大屏上的实际操作，并模拟计算出大屏的实际最优使用区间，确保关键信息及重要操作区域位于用户最舒适的操作范围。在图 62 中，我们分别定义了聚焦操作区和可触碰操作区等不同区域。

图 62　可触达区域分析

四是为全部应用页定义安全操作区域。为保证大屏的可操作性，我们结合普适性身高高度，总结了大屏的可操作安全区域，将屏幕距下方的 4/5 作为安全区，确保可点击的有效信息聚焦在可操作安全区域内，上方 1/5 的地方作为信息展示区域（不可点击），如图 63 所示。

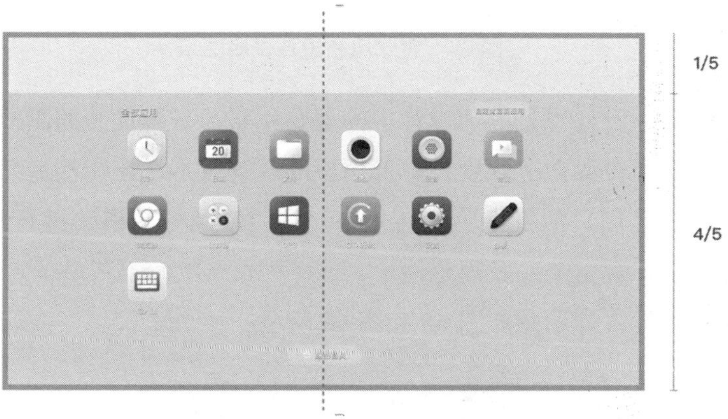


图 63　安全操作区域定义

五是“商务感 + 年轻化”的视觉风格设计。整体视觉设计原则是将商务感与年轻化融合，在商务沉稳的色彩调性和科技风的品牌属性基础上，通过设计语言、表现形式的变化，使得色彩表达更加多样化、图片表达更加情感化。

在色彩的选取上，考虑产品的商务使用场景，我们选取相对较冷的颜色作为核心色展示。同时遵循年轻化的设计策略，在不影响主体视觉的情况下，在部分区域进行色彩的丰富化选择，如图 64 所示。

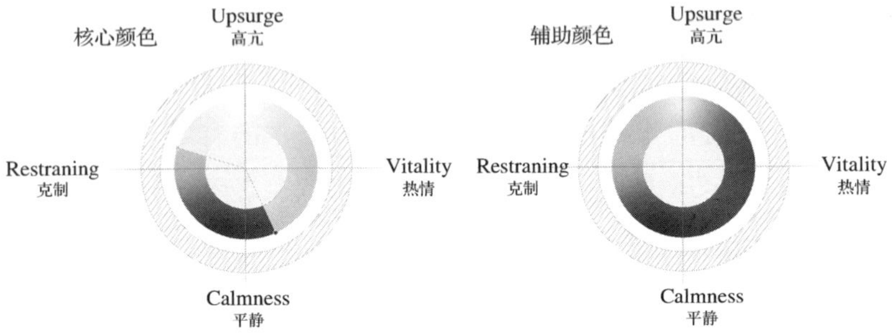


图 64　视觉风格设计说明图示

图标设计也是界面设计中的重要元素，一套优秀的图标设计不仅能提升界面美观度，降低用户的理解成本，还能塑造品牌形象，提升用户的安全感和转化率。我们以图标栅格法进行绘制，确保图标视觉统一及规范性。

图标设计示意如图 65 和图 66 所示。

图 65　图标设计示意 1

颜色、图标等视觉元素是用户感知产品和品牌最直观的方式。我们希望能够立足于品牌的高度去做设计，建立一个更醒目、更有活力的视觉体系加深品牌感知度，从而将品牌理念传递

图 66　图标设计示意 2

至用户内心。与此同时，我们还力图通过创造情感价值来增进用户的认知，多样化的色彩选择范围与 Light Work 设计理念相呼应，当多元化团队协作时，团队中每个人都能获得更易理解、更加轻松的体验。

六是多窗口模式（见图 67）。用户可以同时访问多个应用程序，有效减少了在应用程序之间切换的麻烦，使用过程更加快捷、灵活。

图 67　多窗口模式

七是快捷侧边栏（见图 68）。侧边栏提供了联想 thinkplus 会议大屏的核心功能集合，可以在任意界面快速切换应用或使用快捷工具，还能以浮窗形式打开特定应用，为用户提供轻巧、方便、流畅的操作体验。

图 68　快捷侧边栏

八是智连投屏。支持多种投屏方式，可选无线投屏、手机投屏、有线投屏及跨设备互联投屏（见图 69），省去频繁切换步骤。互联分享模式使物理会场同步到云端，使每一次会议都能超越时间和空间的限制，为开会模式带来新的变化。

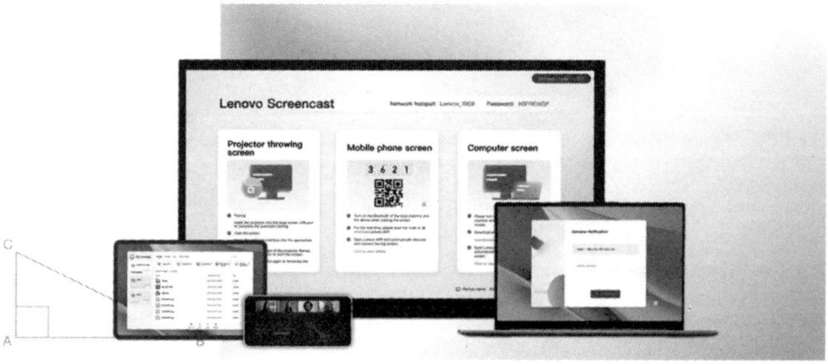


图 69　多种投屏方式

➢ 软硬件设计的方案评估

基于 thinkplus 会议大屏产品设计和开发流程，我们在各环节开展了产品概念可行性评估，并快速迭代和验证已定义的核心功能，确保产品及设计满足用户基本需求。

一是 ID 设计概念可行性评估。

在 ID 设计方案阶段，我们通过现场概念测试调研和用户深度访谈，探索目标用户对产品设计的审美趋向及对当前产品设计方案的喜好，了解用户对当前突破性设计方案的接受和偏好程度，并与竞争对手的产品进行比较，评估当前产品设计方案在市场上的竞争力和差异化，分析产品设计的优势和劣势，确定产品在设计上的突出特点和可改进的方面。概念验证评估指标体系如图 70 所示。概念验证问卷大纲如图 71 所示。

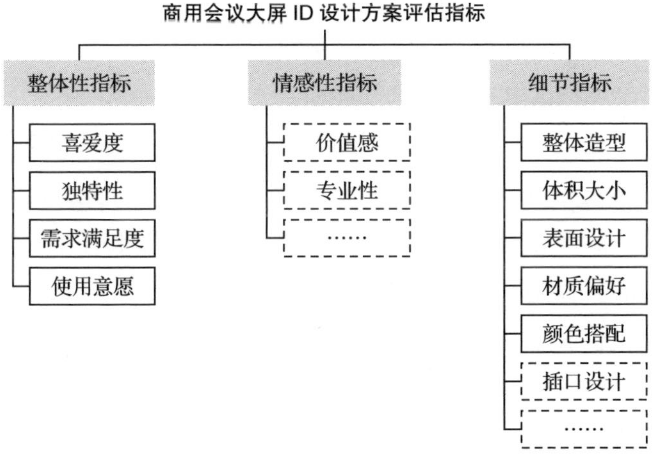


图 70　概念验证评估指标体系

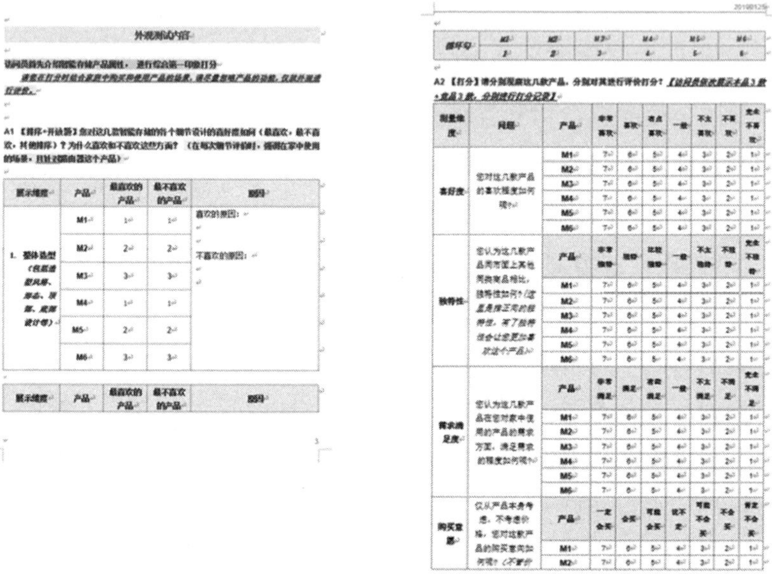


图 71　概念验证问卷大纲

二是软件交互和视觉设计评估。

软件设计阶段，通过用户与交互原型的互动，快速有效地对设计原型进行评估和迭代优化，如图 72 所示。首先，需求满足程度验证。评估当前产品定义能否满足用户期望和需求。验证原型是否能够提供用户所期望的功能和操作方式，以便在产品开发过程中及时调整和改进。其次，交互流程和信息架构合理性评估。通过与原型进行导航和交互来测试产品的流程和信息组织是否符合他们的期望和习惯，从而提供有关改进和优化的反馈。

三是软件界面可用性评估。

基于尼尔森可用性原则，明确和细化针对商用会议大屏的评

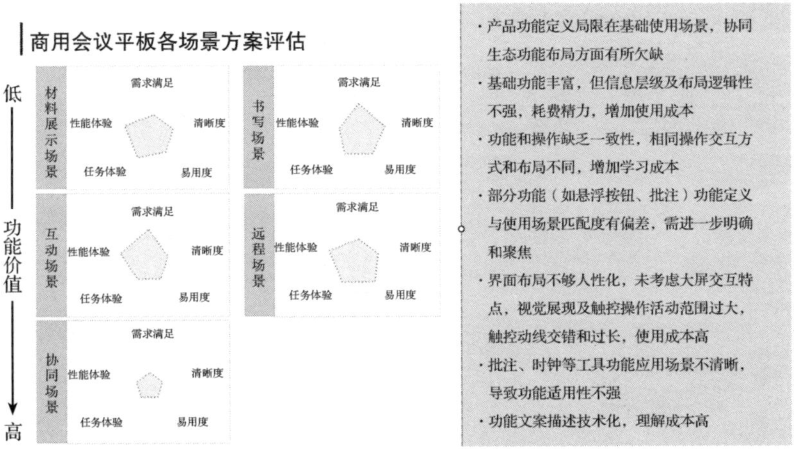


**图 72　会议大屏软件原型评估**

估原则，并采用用户体验地图工具，对大屏软件界面可用性进行系统快速地梳理。

用户界面可用性验证。用户可以尝试使用原型完成任务，评估用户界面的可用性和易用性。观察用户的行为和听取他们的意见，可以发现界面设计中存在的问题和改进的空间。

迭代方向探索。用户实际使用原型并提供意见，可以帮助产品团队了解用户喜好、偏好和痛点。这些反馈有助于优化产品设计，使其更符合用户期望，并提供出色的用户体验。

会议大屏用户体验地图如图 73 所示。

### ➲ 评估阶段

评估阶段是产品设计项目流程的最后一个阶段，是对整个设计过程的回顾、总结和评估，确保设计成果能够满足用户需求，并为企业带来实际价值。在评估阶段，我们将对产品设计成果进

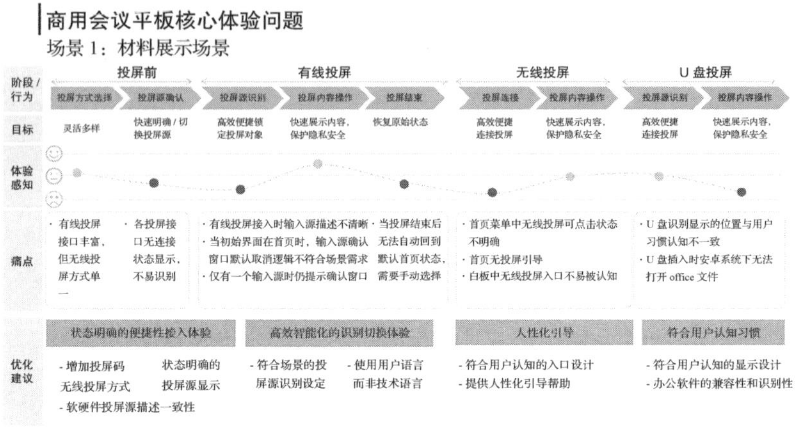


**图 73　会议大屏用户体验地图**

行全面的评价和反馈。这一阶段通常包括用户测试、专家评审、市场反馈等方面的评估。评估目的是发现设计中的问题、不足和改进点，并为后续的产品迭代和优化提供依据。

在用户体验评估阶段，团队内各专业分别从各自专业角度评估产品状态是否达到上市标准并且进行合理规划来确定未来迭代的节奏。

产品体验评估：综合评估产品是否按照产品立项时的定位和定义、设计完成及有效实现，提供的产品含服务总包方案能否达到用户体验预期目标且具备体验竞争力。

用户反馈分析：通过销售、售后工程师收集和分析真实用户反馈和市场数据，快速识别产品的改进点和机会，提供给研发后端团队进行针对性的有效产品迭代和优化。

用户体验提升：关注用户体验，通过用户调研的专业方法和数据监测与分析，发现产品的痛点和改进机会。与设计和研发团队合作，推动产品的用户体验优化和界面改进。

在评估过程中，我们始终坚持四项原则：客观公正原则，在评估过程中，始终保持客观公正的态度，不受外部因素的影响；全面细致原则，对软硬件的各个方面进行全面细致的评估，不遗漏任何细节；用户为中心原则，坚持以用户需求和体验为中心，确保产品能够满足用户期望；及时调整原则，根据评估结果，及时调整和完善设计方案，确保产品更加符合市场需求。

➢ 上市前用户体验评估与验证

一是用户体验评估准备工作。基于联想中国用户体验评估管理体系，针对商用会议产品特性，开展智慧会议产品用户体验评估。在体验评估正式开展前，我们与项目组的研发、项目管理等岗位人员进行深入讨论，就评估标准、范畴、评估目标人群及样本量达成一致。用户体验评估背景概览如图 74 所示。

用户外测产品背景

| | 硬件 | 软件 |
|---|---|---|
| 产品名称和规格 | · 65 寸联想会议平板 | · 联想会议平板基础系统软件<br>· 嵌入式白板软件 |
| 目标用户 | · **职场经验用户**：从业时间超 5 年的用户<br>· **职场“小白”用户**：从业时间不足 5 年的用户<br>· 工作中的职能角色覆盖采购、财务、行政、运营和产品等多个部门<br>· 共 10 人 | |

**图 74　用户体验评估背景概览**

二是用户体验评估方法及商用体验指标体系。实践中，我们采用产品定点现场使用体验方式，开展集中式任务体验，即根据产品软硬件定义，设定涵盖 80% 以上功能的可用性任务（分次发放），用户按照指定任务进行实操体验，实时收集用户在完成任务过程中的反馈与问题。

评价体系采用任务评价和综合评价双维度度量结合的方式，采用质性的方式收集详细反馈意见并识别问题类型。在任务体验环节中，现场督导还会采集用户体验中发生的客观数据（如完成时间、完成时长、是否成功完成等），结合用户主观数据进行综合评估。体验评估体系概览如图 75 所示。

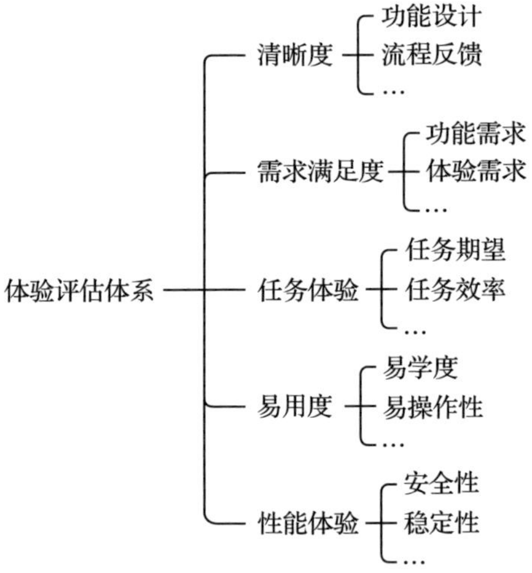


**图 75　体验评估体系概览**

三是体验评估流程（见图 76）。我们采用联想中国用户体验评估管理标准工作执行流程，其中集中式任务体验提供不同情况下的真实会议场景、不同类型会议的有效时长等有效设置，对商用会议场景进行充分模拟和还原。

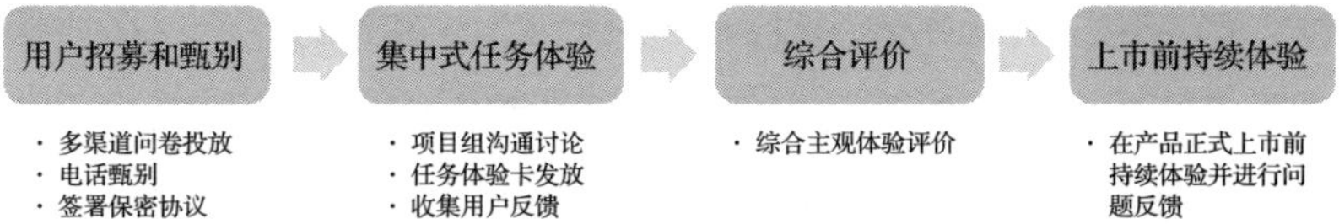


**图 76　体验评估流程**

四是体验评估结果。基于用户深度实际场景使用体验评价，我们对 thinkplus 会议大屏的用户体验表现进行综合评价，对评估结果进行详细的分析和解读，并对上市前需要优化的体验问题进行跟踪及落地。评估结果包括但不限于如下几个方面。

软硬件体验评价，主要从三个方面进行评价：操作系统流畅性，评估大屏操作系统的响应速度、多任务处理能力以及整体流畅性；硬件性能，测试大屏的显示效果、麦克风和扬声器的音质、视频解码能力等；软硬件兼容性，测试大屏与其他设备（如手机、电脑）的连接和互动效果。

用户任务体验评价，主要从三个方面进行评价：任务完成率，观察用户在完成特定任务（如文档编辑、视频播放等）时的成功率；任务效率，记录用户完成任务的平均时间，评估效率；用户满意度，收集用户对任务完成过程的满意度反馈。

软件稳定性 / 可靠性评价，主要从三个方面进行评价：软件崩溃率，统计软件运行过程中崩溃的次数；数据同步与备份，评估数据传输、同步和备份的稳定性和可靠性；故障恢复能力，测试系统遇到异常情况时的恢复速度和能力。

软硬件使用引导性评价，主要从三个方面进行评价：用户手册质量，评估用户手册的易读性、准确性和完整性；界面友好性，调查用户对操作界面设计、布局和交互方式的评价；在线帮助与支持，测试在线帮助文档的可用性和实用性。

体验评估结果示例如图 77 所示。

获得体验评估结果后，我们按照如下步骤对需要优化的体验问题进行跟踪和落地。

第一步是问题识别与分类，对评估过程中发现的问题进行分类，如界面设计、功能缺失、性能问题等。

第二步是优先级排序，根据问题的严重性和影响范围，确定优化的优先级。

第三步是改进方案的制定，针对每个问题制定具体的改进方案，包括软件修复、硬件升级或用户教育等。

第四步是迭代开发与测试，根据改进方案进行迭代开发和测试，确保问题得到有效解决。

第五步是再次评估与反馈，对优化后的产品再次评估，确保问题得到解决，并收集新的用户反馈，为进一步优化提供依据。

第六步是持续跟踪与维护，定期跟踪市场和用户反馈，持续优化产品体验，确保产品始终满足用户需求。

➢ 上市后用户追踪及迭代机会识别

产品成功上市三个月后，我们快速展开上市用户追踪反馈的体验管理工作，进行了软件优化的体验迭代项目。

根据软硬件结合的产品特性，我们分别采用了商用用户的深度回访和数据指标跟踪等快速方式结合，有效收集用户反馈，识别产品优势和劣势，发现产品痛点和改进机会。通过体验问题质性归类及权重占比分析，梳理出有针对性的改进计划，并落地到

- 用户软硬件体验评价
- 用户任务体验评价
- 软件稳定性/可靠性
- 软硬件使用引导性
- …

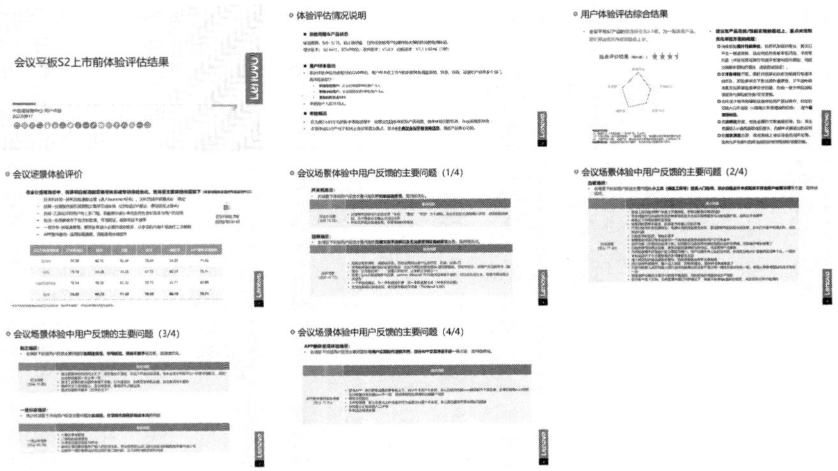


注：模拟数据仅做示意

图 77　体验评估结果示例

可执行的方案上。

一是用户反馈收集。我们通过多种渠道收集用户反馈，包括在线评价、社交媒体、论坛、用户调查等，并特别关注用户在使用过程中遇到的问题、意见和建议。

二是问题分析与分类。我们深入分析收集到的反馈，识别问题并对其进行分类。分类的依据包括问题的影响范围、严重性、是否属于已知问题等。

三是确定迭代优化方向。基于问题分析和分类的结果，我们确定了软件优化的方向和重点。这些方向应与用户体验的核心要素相关，如界面优化、功能完善、性能提升等。

四是制订迭代改进计划。根据优化方向，我们制订了详细的迭代计划，包括迭代目标、时间表、人员分工等。确保每项优化任务都有明确的负责人和完成时间。

五是迭代开发与测试。按照迭代计划，我们开展迭代开发工作，对问题进行修复和优化。在开发过程中，我们注重代码质量，定期进行内部测试，确保问题得到有效解决。

六是用户验收测试。迭代开发完成后，我们邀请用户参与验收测试，以验证修复和优化后的效果。用户测试能够提供真实的反馈，帮助我们确认产品是否满足用户需求。

七是反馈整合与再优化。根据用户的验收测试反馈，我们对迭代结果进行评估和调整。如果仍有未解决的问题或用户有新的需求和建议，将再次进行迭代优化工作。

八是发布与持续监控。经过多轮迭代优化后，我们将最终的优化结果发布给用户。同时，持续监控产品的表现和用户反馈，确保产品始终保持最佳状态。

商用会议大屏迭代规划如图 78 所示。

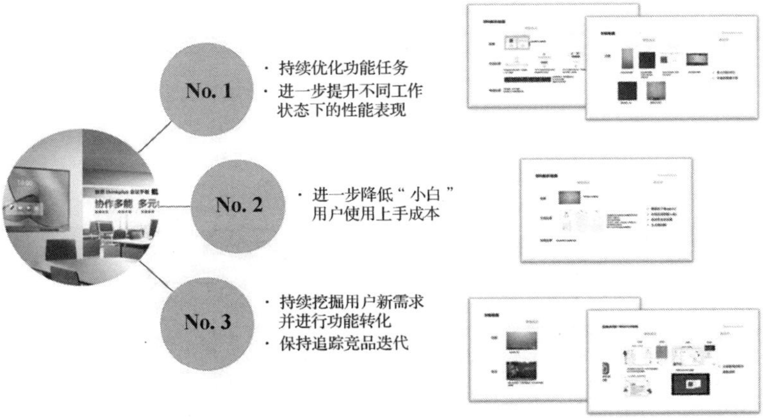


图 78　商用会议大屏迭代规划

通过上市用户追踪反馈的体验管理工作和软件优化的体验迭代项目，我们能够确保 thinkplus 会议大屏始终满足用户需求，为用户提供卓越的体验。这不仅有助于提高用户满意度和忠诚度，还能够增强产品的市场竞争力。

产品创新成果及体验管理的价值体现

依据产品全生命周期用户体验管理流程，联想 thinkplus 商用会议平板产品上市前完成了两次硬件迭代和五个软件版本迭代。在产品体验评估过程中持续积累了 1000 人次用户与产品团队进行共创，分析上市后购买用户的数据，产品功能满足 85% 以上的用户需求，验证了用户体验研究在产品早期对用户使用场景的洞察和分析结论，以及产品痛点和需求的评估结果的正确性、有效性。

产品不仅在市场上获得了用户的高度认可，其软硬件设计还获得了 iF、Red Dot Design 及 IDEA 等国际设计大奖。

thinkplus 会议大屏软硬件设计如图 79 所示。

图 79　thinkplus 会议大屏软硬件设计

在产品从 0 到 1 打造的过程中，我们在产品早期定义阶段即引入用户体验管理流程，并以“三体共创”模式保障产品在全生命周期研发过程中的软硬件设计品质和体验一致性，形成了从产品定义到上市跟踪的闭环体验管理。联想 thinkplus 会议平板正在用出色的表现为混合办公场景下的本地协同和远程沟通带来全新解决方案，帮助职场人士充分释放生产力，满足用户对于高效、精准和多样化会议的需求。

## 传统 / 非智能产品的实战案例

本章的前三个案例分别讲述了“三体共创”模式在设计开发个人云存储、智能投影仪、会议大屏这些具有典型特征的智能产品中的应用。“三体共创”模式的本质是提升用户体验，该模式依然可以应用于传统非智能产品的设计流程中。现以联想 thinkplus 电源适配器这一非智能产品为例，讲述如何跳出原有的设计模式，从用户体验和使用场景的角度出发，去挖掘产品创新的可能性并落地实现。

发现机会

在繁忙的职场，笔记本电脑已成为每个“职场打工人”的标配。这些年来，笔记本电脑越来越轻薄、越来越美观，陪伴职场人士穿梭于办公室、会议室、咖啡厅、机场或车站。然而，与之形影不离的电源适配器（见图 80），却往往被人忽视。它的外观一直没有什么变化，就像一块砖头，不仅占据空间，而且视觉上与现代生活的轻盈与简约不协调。

图 80　砖头一样的电源适配器

每当职场人士携带电脑出行，那笨重的电源适配器总是成为负担。它占据着背包的空间，让轻松的旅程变得沉重。它的外观缺乏美感，与精致的笔记本电脑形成鲜明对比，仿佛告诉我们，科技虽然进步，但某些细节未得到完美的解决。

正是这些不便与瑕疵，激发我们寻找创新灵感。我们敏锐地察觉到，小小的充电器可能蕴藏着大大的创新点。

为了确认这是基于用户真实需求的机会点，我们进行了大量的用户调研工作。首先深入访谈目标用户。为了让用户洞察更具普适性，我们基于严谨的筛选机制，从上千个随机用户中挑选目标用户，以便尽量覆盖不同职业、性别、年龄。然后，追踪目标用户的日常办公场景，包括工作、出差和通勤等，用第一视角去记录用户行为，收集、收纳和整理其中与笔记本电脑相关的需求、习惯和建议。从这些线索中根据用户提及频率、强度排序等指标筛选出数个用户最为关注的“痛点”。

电源适配器前期用户调研如图 81 所示。

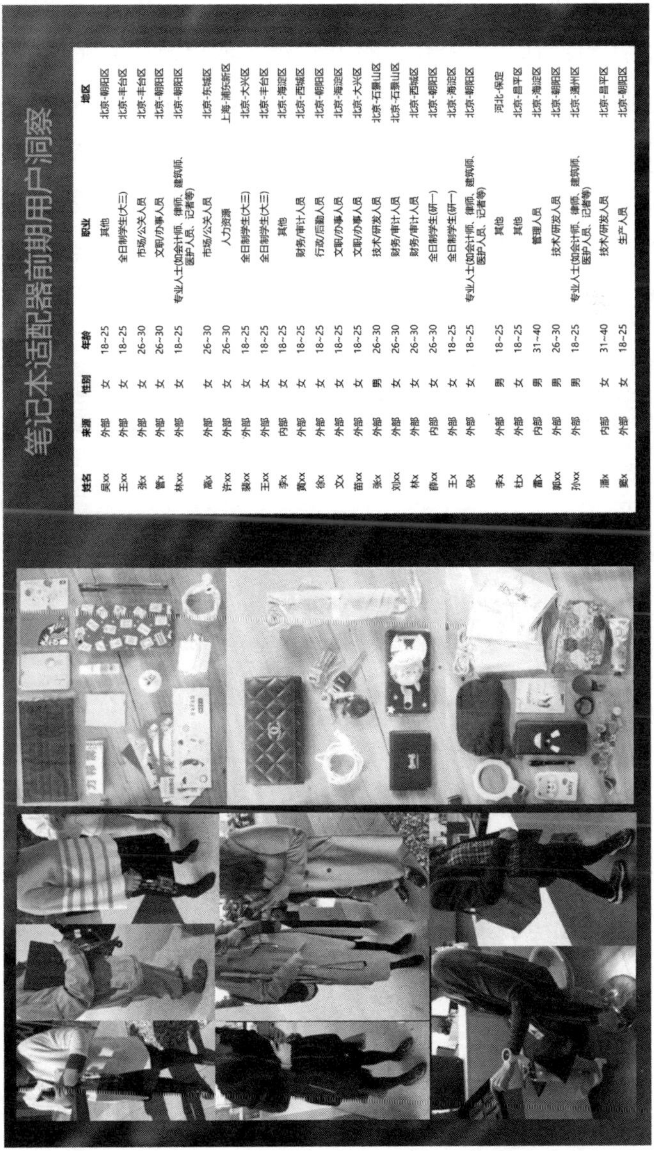


| 姓名 | 来源 | 性别 | 年龄 | 职业 | 地区 |
|---|---|---|---|---|---|
| 吴xx | 外部 | 女 | 18~25 | 其他 | 北京-朝阳区 |
| 王xx | 外部 | 女 | 18~25 | 全日制学生(大三) | 北京-丰台区 |
| 张x | 外部 | 女 | 26~30 | 市场/公关人员 | 北京-丰台区 |
| 曹x | 外部 | 女 | 26~30 | 文职/办事人员 | 北京-朝阳区 |
| 林xx | 外部 | 女 | 18~25 | 专业人士(如会计师、律师、建筑师、医护人员、记者等) | 北京-朝阳区 |
| 高x | 外部 | 女 | 26~30 | 市场/公关人员 | 北京-东城区 |
| 许xx | 外部 | 女 | 26~30 | 人力资源 | 上海-浦东新区 |
| 裴xx | 外部 | 女 | 18~25 | 全日制学生(大三) | 北京-大兴区 |
| 王xx | 外部 | 女 | 18~25 | 全日制学生(大三) | 北京-丰台区 |
| 李x | 内部 | 女 | 18~25 | 其他 | 北京-海淀区 |
| 黄xx | 外部 | 女 | 18~25 | 财务/审计人员 | 北京-西城区 |
| 徐x | 外部 | 女 | 18~25 | 行政/后勤人员 | 北京-朝阳区 |
| 文x | 外部 | 女 | 18~25 | 文职/办事人员 | 北京-海淀区 |
| 苗xx | 外部 | 女 | 18~25 | 文职/办事人员 | 北京-大兴区 |
| 张x | 外部 | 男 | 26~30 | 技术/研发人员 | 北京-石景山区 |
| 刘xx | 外部 | 女 | 26~30 | 财务/审计人员 | 北京-石景山区 |
| 林x | 外部 | 女 | 26~30 | 财务/审计人员 | 北京-西城区 |
| 薛xx | 内部 | 女 | 26~30 | 全日制学生(研一) | 北京-朝阳区 |
| 王x | 外部 | 女 | 18~25 | 全日制学生(研一) | 北京-海淀区 |
| 倪x | 外部 | 女 | 18~25 | 专业人士(如会计师、律师、建筑师、医护人员、记者等) | 北京-朝阳区 |
| 李x | 外部 | 男 | 18~25 | 其他 | 河北-保定 |
| 杜x | 外部 | 女 | 18~25 | 其他 | 北京-昌平区 |
| 雷x | 内部 | 男 | 31~40 | 管理人员 | 北京-海淀区 |
| 郭xx | 外部 | 男 | 26~30 | 技术/研发人员 | 北京-朝阳区 |
| 孙xx | 外部 | 男 | 18~25 | 专业人士(如会计师、律师、建筑师、医护人员、记者等) | 北京-通州区 |
| 潘x | 内部 | 女 | 31~40 | 技术/研发人员 | 北京-昌平区 |
| 蒙x | 外部 | 女 | 18~25 | 生产人员 | 北京-朝阳区 |

图 81　电源适配器前期用户调研

我们观察到，一位职场白领人士关于电源适配器的使用场景通常是这样的：到达办公位，打开背包，取出电脑和手机放在桌上，在包内寻找电脑和手机充电器，取出后分别给设备充电；整理桌上散乱的线材……接到会议通知，拔下电脑充电器，整理线材，带上电脑和充电器，进入会议室，避免电脑中途没电，用充电器连接充电插座和电脑，会议结束，拔下充电器，整理线材，将电脑和充电器带回工位，如图 82 所示。

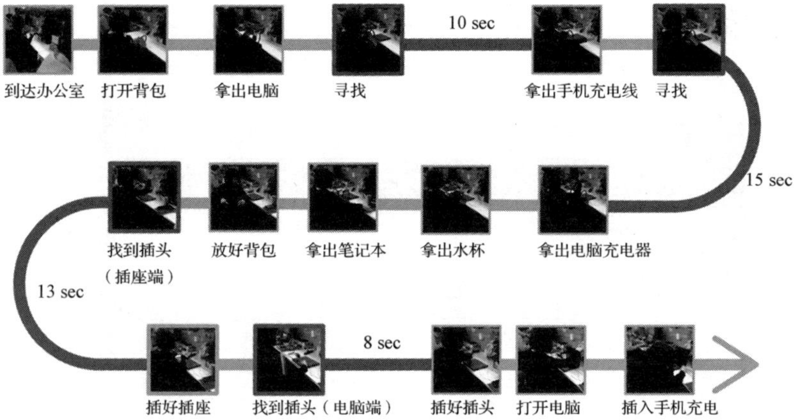


**图 82　电源适配器某一典型使用场景（以时间为序）**

运用用户旅程图等工具，将以上步骤按照时间顺序整理和归类，可以总结出电源适配器"体积太大、设备不通用、线材太多太乱"等强痛点。这个时候，我们从设计角度对产品有了重新的定义。

定义产品

如果说在发现阶段靠的是头脑风暴式的发散思维，在定义阶段则需要收拢发散的想法，将关注点聚焦在核心问题上。

立足以上洞察，我们将用户痛点集中归纳为三类：适配器笨重、外观不时尚；手机、Pad、电脑充电器种类太多，相互不兼容；充电器插拔绕线、收纳不方便（见图 83）。根据用户期望，梳理出理想的电源适配器应具备的功能，如小巧轻便、时尚美观、多设备兼容、易收纳等。基于用户需求分析，我们形成多个初步的产品概念，并筛选初步形成的产品概念，评估其可行性、创新性及市场潜力，明确联想 thinkplus 电源适配器应具备的特性。

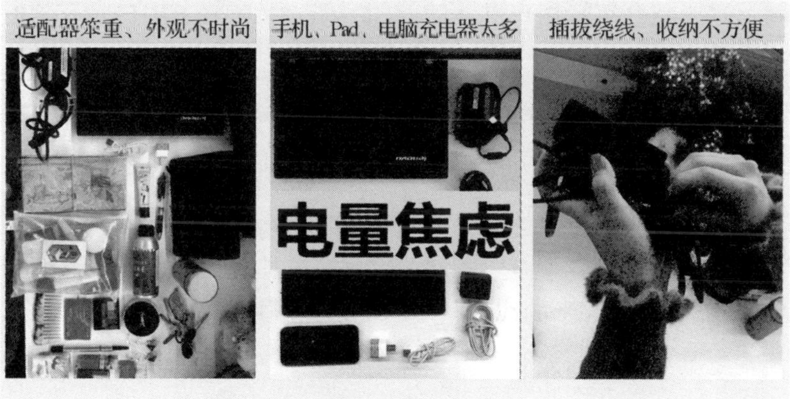


图 83　电源适配器的用户痛点

针对体积笨重的问题，我们与结构工程师通力合作，通过高精度的硬件设计和堆叠方案，减少电源适配器的内部元件数量，缩小电路板面积。同时，选择高效能的电源芯片，在更小的体积下实现同样的功率输出。

体积缩小，意味着对散热性能要求更高。对于电源适配器这类产品而言，安全可靠是产品定义时需要考虑的首要因素。测试发现，适配器表面温度达到 40℃时，用手触摸就有热的感觉；当达到 60℃~70℃时，就会感觉适配器烫手。我们评估了多种外壳材料的散热性能和力学性能，结合内部金属散热片和导热胶的优化排布，以使外壳温度始终保持在定义的合理范围内。

针对设备不兼容的问题，我们在定义产品时增加了 QC 3.0 和 PD 3.0 快充功能，能够自动检测并识别接入设备的类型和充电需求。根据识别结果，适配器会自动调整输出参数，确保为设备提供最佳的充电效果，解决适配器不兼容而导致的充电缓慢难题，这既契合年轻用户群体的使用习惯，又减轻了用户常有的电量焦虑情绪。

针对线材收纳不便的问题，我们为 thinkplus 电源适配器特别配置了束线带，既方便收纳，又彰显气质。线材长度是影响收纳的重要因素。线材过长，造成桌面凌乱，收纳不便；线材过短，又可能面临够不着电源插座的尴尬。通过用户调研，我们确定了 1.5 米至 1.8 米的线材长度，能够兼顾用户为手机、Pad、笔记本电脑充电时的大部分需求。

### 设计实现和验证

完成产品定义后，我们进入设计实现的新征程。前期的发现和定义阶段可以概括为"做对的事"，从现在开始，则需要集中精力“把事情做对”。

➲ 主要流程

设计实现的阶段，大致来讲是按照设计——验证——优化——工程化这几个主要步骤进行的，直至产品上市。

首先，我们根据前期用户调研和产品定义阶段的研究结果，结合技术可行性和竞品分析，确定产品的最初设计方案。我们不仅考虑电源适配器的尺寸、形状、颜色、材质等外观因素，也关注其性能参数、接口类型、兼容性等核心功能要素。完成初步设计后，验证随即展开。我们制作初步的设计模型或样品，邀请具有代表性的用户群体进行实际体验和评估。这些用户包括潜在消费者、行业专家或其他利益相关者。用户评估电源适配器的外观、手感、使用体验等方面，并提供宝贵的反馈意见。我们认真倾听用户的意见和建议，并根据反馈进行必要的调整和改进。这个过程可能循环多次，直到设计方案足够成熟，能够满足设计目标和用户需求。最后，我们还会密切跟踪产品的工程化过程，确保工程团队能够充分理解设计意图及产品品质忠实符合设计需求。

➲ 用户共创

在 thinkplus 电源适配器的设计实现过程中，用户参与下的设计共创是一个至关重要的环节。这个过程不仅有助于设计团队更深入地了解用户需求，还能为其提供宝贵的反馈和建议，推动设计方案的不断优化。

在用户进行外观审美及第一印象的感知体验中，我们邀请了经常出差或外出移动办公的用户样本比例为 80%，同时邀请设计师、产品经理等人群作为“极端用户”样本为产品体验细节提供输入。

我们发现，性价比、功率、体积、充电速度、功能是否适配是用户最为关注的五个问题。如果将问题聚焦于外观，体积、线长、颜色是排名前三的关键要素（关注度递减排序）。如图 84 所示。

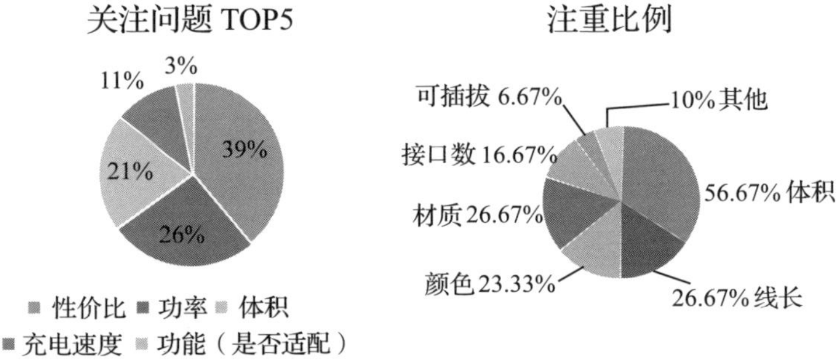


**图 84　电源适配器的用户关注问题列举**

首先，在电源适配器的形态设计上，我们注意到用户对于便携性和舒适度的要求非常高。在初步设计方案中，我们尝试了几种不同的形态，包括三角形、圆柱形和长方形等。用户参与测试后，我们收到大量反馈：三角形的设计虽然稳定，但握持手感不好，而且一些用户不太能够接受这种过于“前卫”的造型；圆形的设计虽然手感好，但容易滚动，不利于放置。最终，我们选择了长方形的设计，它既便于携带，又不易滚动，满足了用户对于便携性和稳定性的双重需求。不同平面交界处的 R 角，我们也进行了精心设计。有的地方采用大 R 角的平滑过渡，以获得最佳握持感；有的地方采用锐利的小 R 角，以体现产品的精致感。

其次，在颜色选择上，我们充分考虑了用户的喜好和审美。在共创过程中，我们发现黑色和白色的电源适配器比较受用户欢迎，因为这两种颜色百搭，可以适应不同的使用场景和设备颜色。然而，也有一部分用户表达了对更多颜色的期待，他们认为多样化的颜色可以让电源适配器更具个性化和时尚感。特别是女性用户对颜色问题更加关注，她们希望产品的颜色不仅足够好看，而且更能彰显个人气质和传达生活态度。

我们集中选取了 25 岁至 30 岁和 31 岁至 35 岁的两个年龄段的女性用户为研究对象，由她们对设计师精心调配的六种不同红色做出选择和评论，如图 85 所示。

调研发现 25 岁至 30 岁的女性与 31 岁至 35 岁的女性对颜色的共同关注点为与自身喜好的物品颜色相近；希望呈现的性格为主要选择因素。其中，25 岁至 30 岁的女性更偏好个性化需求（以亮度为例）；而 31 岁至 35 岁的女性更注重社会角色及场合的颜色应用。

总的来说，用户参与下的设计共创过程为 thinkplus 电源适配器的设计实现提供了极大的帮助。这些来自用户的数据和反馈为我们提供了宝贵的参考，帮助设计团队更准确地把握用户需求，推动设计方案的优化和改进。图 86 为用户与设计团队共创的电源适配器样品。

➲ 品质把控

设计方案定稿后，为了保证最终产品能够忠实地反映设计理念，完美地呈现设计细节，在工程化阶段，我们以绝不妥协的态度追求高品质。

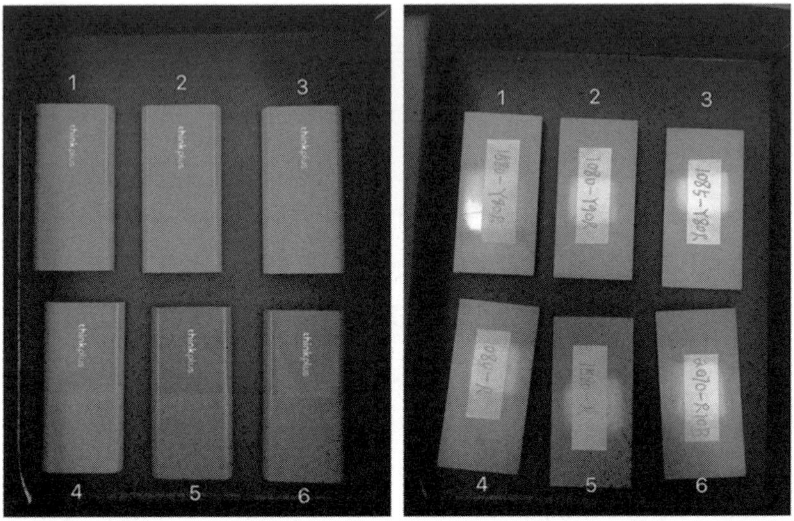


| 适配器颜色 ID 调研（六色，女性） | | | |
|---|---|---|---|
| 序号 | 年龄 | 选色 | 原因 |
| 1 | 25~30 | 6 号 | 颜色辨识度高 |
| 2 | 25~30 | 6 号 | 1~3 号太亮，太扎眼 |
| 3 | 25~30 | 6 号 | 1~3 号亮，幼稚 |
| 4 | 25~30 | 6 号 | 有内涵有深度 |
| 5 | 25~30 | 6 号 | 喜欢粉色，粉色代表女性 |
| 6 | 25~30 | 5 号 | 大红色比较亮 |
| 7 | 25~30 | 5 号 | 1~3 号太橙，这个颜色更庄重 |
| 8 | 25~30 | 5 号 | 其他太艳，6 号太暗，相较于 4 号更明亮一点 |
| 9 | 25~30 | 5 号 | 不喜欢偏橙色，6 号偏紫不喜欢，4 号 5 号差不多，5 号更深，正式 |
| 10 | 31~35 | 5 号 | 喜欢这个颜色的口红，并和年龄相关 |
| 11 | 31~35 | 5 号 | 1~3 号太橙，其他号的太紫 |
| 12 | 31~35 | 5 号 | 喜欢正红色 |
| 13 | 25~30 | 5 号 | 看起来很高级 |
| 14 | 25~30 | 5 号 | 和口红颜色相近 |
| 15 | 31~35 | 5 号 | 和口红颜色相近 |

| 适配器颜色 ID 调研（六色，女性） | | | |
|---|---|---|---|
| 序号 | 年龄 | 选色 | 原因 |
| 16 | 31~35 | 5 号 | 1~3 号年轻，这个比较稳重 |
| 17 | 31~35 | 4 号 | 颜色鲜艳，但是也不亮 |
| 18 | 25~30 | 4 号 | 第一感觉就是喜欢 |
| 19 | 31~35 | 4 号 | 1~3 号无质感，6 号颜色不正，5 好颜色偏暗，4 号更适合年轻人 |
| 20 | 25~30 | 3 号 | 颜色更亮一些 |
| 21 | 25~30 | 3 号 | 诱惑力，比较纯，1~2 号的颜色不正 |
| 22 | 25~30 | 3 号 | 颜色亮，醒目 |
| 23 | 25~30 | 3 号 | 喜欢橙色 |
| 24 | 25~30 | 2 号 | 其他太沉稳，更喜欢 COOL 的颜色 |
| 25 | 25~30 | 2 号 | 第一感觉喜欢 |
| 26 | 25~30 | 2 号 | 4~6 号太成熟，更喜欢年轻化一点 |
| 27 | 25~30 | 2 号 | 喜欢偏重一点的红色 |
| 28 | 25~30 | 2 号 | 4 号太红，并且有相同颜色的衣服 |
| 29 | 25~30 | 2 号 | 第一眼好看 |
| 30 | 25~30 | 1 号 | 就喜欢这个 |

部分列举

图 85　电源适配器的颜色调研

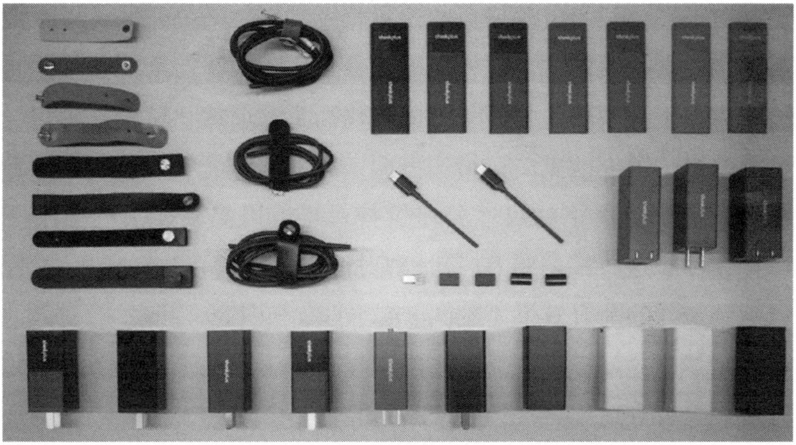

图 86　用户与设计团队共创的电源适配器样品

首先，我们与供应商的工程团队深入沟通和协作，将设计方案中的核心理念、功能要求、外观细节等信息详细解释给工程团队，确保他们能够充分理解设计意图。同时，我们积极倾听工程团队的建议和反馈，对设计方案进行必要的调整和优化。

在这个项目里，我们从材料、结构、交互方式等角度开展设计创新，重新定义了电源适配器的使用体验。为打造极致的品质感，我们对工艺精益求精，对零件的间隙、段差、光泽度每个细节都不放过。当时我们的供应商有些不能理解，小小的电源适配器的制造为什么要求这么高，而且工艺很难实现。但我们没有放弃，凭借对行业的加工制造水平的深入理解，ID 设计师扎身在工厂一线，以“双手沾泥”的态度跟工厂师傅一起打样、测试，提了不少有价值的建议，帮助工厂改进工艺，将模具分型线标准控制在 0.05mm 以内段差，这几乎比人的头发丝还细。

适配器插头与电源接口的松紧程度，也是一个关乎使用体验与安全性的重要问题。过松，插头会晃动，不够安全；过紧，插拔费力，影响体验。我们一方面优化插头的形状和尺寸，使其与电源插口的匹配度更高；另一方面，我们选用优质的材质和精湛的工艺，制定严格的尺寸公差管控标准，以提高插头的耐用性和稳定性。这些都需要 ID 设计师对细节进行精心的打磨和调整，以达到最佳的配合效果（见图 87、图 88 和图 89）。

正是这种高标准的品质要求，保证了工程化阶段工作的顺利开展，只为带给用户极致的产品体验。

产品落地和成果

经过六个月的精心打磨，完整的 thinkplus 电源适配器最终呈现在我们面前。这是一款在外观与实用性之间取得了平衡——以极简美学与出众的使用感受而打造的产品。我们采用简洁无缝的设计风格，通过高精度设计加工和严格的品质管控，配合亮哑的表面处理，为机身本体带来细腻爽滑的手感，更显精致。

thinkplus 电源适配器的一大特点是将高亮面和哑光面巧妙结合，呈现一种既有质感又不失层次感的视觉效果。

高亮部分表面光滑如镜，在光线照射下会散发出淡淡光泽，犹如黑曜石般深邃而神秘，为整个适配器增添了一抹华丽与高贵。哑光面的部分则显得更为低调而内敛，细磨砂表面增加了握持时的稳定性，给人一种沉稳而坚实的感觉。哑光面与高亮面相互映衬，既凸显了产品的立体感，又使得整体设计更加和谐统一。

图 87　thinkplus 电源适配器设计效果图 1

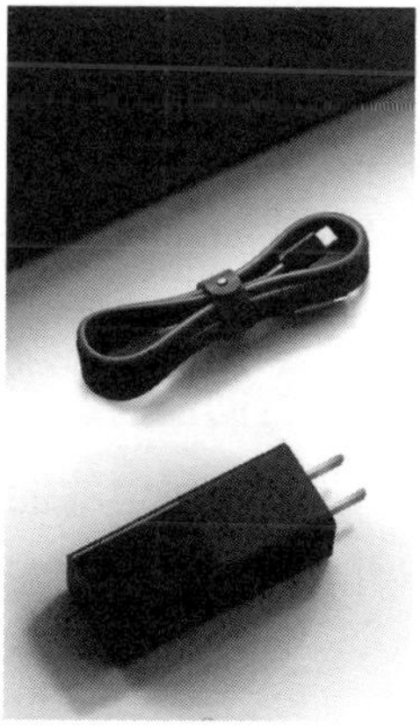

图 88　thinkplus 电源适配器设计效果图 2

图 89　thinkplus 电源适配器设计效果图 3

1.8 米长的线材以软硬适中、回弹度好的弹性体材料作为主要线材，即便经常弯折也能恢复平整，不影响正常使用，并且皮质束线带与 CD 纹金属扣，既使收纳携带更加便捷，又增添了一份精致奢华的气质品味，更适合年轻商务用户群体。

联想 thinkplus 65W 电源适配器整合高精度硬件设计，使体积减小了近 40%，搭配有皮质束线带的双 Type C 接头电源线，使电源适配器携带轻便，收纳快捷。因为同时支持 QC 3.0 及 PD 3.0 快充，用户只需带一个充电器，就可以给电脑、手机和 Pad 快速充电，轻松解决传统适配器笨重和线材携带不便的难题。

社会责任感与可持续发展观念是 thinkplus 品牌不可缺少的一部分。通过对电源适配器产品内部架构重新设计和元器件甄选优化，大大提高产品的充电效率，降低损耗和产品发热，为节约能源和环保贡献微薄之力。电源适配器采用高阻燃 V0 等级，UL 和 Rohs 环保认证的 PC 材料，可以给多种产品快速充电，给用户的快节奏生活带来轻松方便的同时提供了安全可靠的使用体验。

在 thinkplus 电源适配器项目开发中，通过与生产商的紧密合作，我们从体验设计和品质把控角度为其赋能，帮助他们快速建立制作高精度、高品质的产品思维和培养解决相应问题的能力。产品上市后，该供应商的能力提升受到业内关注和好评，新的订单和客户也有大幅增长。

从消费者的反馈看，thinkplus 电源适配器由于其小巧精致的机身设计，与日常生活中的口红形状有一定的相似性，被用户亲切地称为"口红电源"。这一称呼反映了用户对其的认可和喜爱。它不仅是一个电源供应设备，更成为用户生活中的时尚配件，在满足基本功能需求的同时，更展现出用户的个性和品位。因此，在官网线上平台上线第一天，它就成为售罄的爆款产品。

小小的“口红电源”，凝聚了我们对设计品质和极致体验的坚持和追求。在这件产品上体现的创新性、实用性、美观性和经济性，使其得到业内权威专家的认可，在当年的 iF 和红点的评选中获奖。

thinkplus 电源适配器，是我们灵活应用“三体共创”模式的又一范例，证明了该模式不仅适用于软硬件结合的智能产品，亦可在传统非智能产品设计开发中发挥奇效。通过用户参与下的设计共创，我们深入了解用户的真实需求和期望，将用户声音融入产品设计的每一个环节。这种紧密的共创关系，使得 thinkplus 电源适配器在形态、颜色、品质等方面都超越了市场上的同期竞品。

“三体共创”模式的成功应用，不仅为 thinkplus 电源适配器的设计开发带来革命性的变化，更为我们未来的产品设计开发提供了宝贵的经验和启示。展望未来，我们将继续深化“三体共创”模式的应用，不断探索和创新，为用户带来更多优质、实用的产品。只有不断追求卓越、精益求精，企业才能在激烈的市场竞争中立于不败之地，为用户创造更多的价值。

## 应用“三体共创”模式的其他案例

“三体共创”模式不仅适用于消费产品（To C），也适用于商用产品（To B）；不仅适用于硬件产品设计，也适用于软件产品设计；不仅适用于智能产品，也适用于传统的非智能产品。

正因为如此，经过我们多年的不断探索，"三体共创"模式已经在更多的产品品类和服务领域内得以应用，取得令人满意的成果，显示了其突出的有效性和广泛的适用性。

"三体共创"模式的应用成果如表 7 所示。

**表 7 "三体共创"模式的应用成果**

| 产品（或服务）名称 | 设计成果 |
|---|---|
| 12 导联心电衣 Smart Vest | 2018 红点产品设计 Best of Best 奖（医疗设备类） |
| | 2018 红点产品设计奖（运动器材类） |
| thinkplus USB–C Power adapter 65W | 2019 红点产品设计奖 |
| | 2019 iF 产品设计奖 |
| | 2020 DFA 产品设计铜奖 |
| thinkplus 智能台灯 | 2019 G-Mark 产品设计奖 |
| | 2019 iF 产品设计奖 |
| | 2020 红点产品设计奖 |
| Be with 慢病管理系统 | 2020 iF 服务设计奖 |
| | 2020 IDEA 服务设计铜奖 |
| 智能投影小新 520 | 2022 G-Mark 产品设计奖 |
| | 2022 IDEA 产品设计奖 |
| | 2023 iF 产品设计奖 |
| | 2023 红点产品设计奖 |
| 联想个人云存储 T1 | 2020 DFA 产品设计奖 |
| | 2020 G-Mark 产品设计奖 |

续表

| 产品（或服务）名称 | 设计成果 |
| --- | --- |
| 联想个人云存储 V1/X1 | 2021 G-Mark 产品设计奖 |
| | 2021 DFA 产品设计铜奖 |
| | 2021 红点产品设计奖 |
| 联想电动滑板车 M1 plus | 2021 DFA 产品设计铜奖 |
| | 2021 iF 产品设计奖 |
| 联想 K1 教育智能显示器 | 2021 iF 产品设计奖 |
| | 2021 红点产品设计奖 |
| 拯救者双肩包 X3 | 2022 iF 产品设计奖 |
| | 2022 红点产品设计奖 |
| 联想学习成长社区教育系统 | 2023 iF 服务设计奖 |
| | 2023 IDEA 服务设计奖 |
| 智慧大屏软件交互和视觉设计 | 2023 iF UX 设计奖 |
| | 2023 IDEA 数字交互奖 |
| 拯救者机械键盘 K7 | 2023 红点产品设计奖 |
| | 2023 iF 产品设计奖 |
| 智能中控 | 2023 IDEA 产品设计奖 |
| | 2023 G-Mark 产品设计奖 |
| Lifeloop 心电检测手杖 | 2020 iF 产品设计金奖 |
| 智能投影 ZUI2.0 | 2023 红点品牌与传播奖 |
| 智享家全屋智能解决方案 | 2023 红点品牌与传播奖 |
| 个人云 UI3.0 | 2023 红点品牌与传播奖 |
| YOGA 5000S 投影 | 2023 IDEA 产品设计奖 |
| thinkplus 双肩包 TS-550 | 2023 IDEA 产品设计奖 |

续表

| 产品（或服务）名称 | 设计成果 |
|---|---|
| 智能门锁 F2 | 2023 IDEA 产品设计奖 |
| thinkplus PG2 | 2023 IDEA 产品设计奖<br>2023 红点产品设计奖 |
| 拯救者散热甲板 | 2023 iF 产品设计奖 |
| thinkplus 会议大屏 S 系列 | 2023 iF 产品设计奖 |
| thinkVision 教育大屏 M 系列 | 2023 iF 产品设计奖 |
| 小新蓝牙鼠标 plus | 2023 红点产品设计奖 |
| 联想语音鼠标好小橙 | 2023 红点产品设计奖 |
| 联想选件家族化设计 | 2023 红点产品设计奖 |
| thinkplus 双肩包 | 2023 红点产品设计奖 |
| thinkplus P65 大屏 | 2023 红点产品设计奖 |
| YOGA 智能显示器 | 2022 IDEA 产品设计铜奖 |
| 投影 YOGA 7000 | 2022 IDEA 产品设计奖 |
| YOGA Smart Projector T500 Play | 2022 IDEA 产品设计奖 |
| 智能语音跳绳 N1 | 2022 iF 产品设计奖 |
| 拯救者双肩包 C2 | 2022 iF 产品设计奖 |
| 拯救者无线游戏耳机 | 2022 红点产品设计奖 |
| 拯救者游戏鼠标 M500 | 2022 红点产品设计奖 |
| 联想智能投影仪 Air5 | 2021 iF 产品设计奖 |
| 智能门锁 X1 | 2020 DFA 产品设计奖 |
| 智能门锁 R3 | 2020 G-Mark 产品设计奖 |
| 智能扫地机器人 | 2020 iF 产品设计奖 |
| Awan 移动硬盘 | 2020 iF 概念设计奖 |

续表

| 产品（或服务）名称 | 设计成果 |
| --- | --- |
| H3 智能心电记录仪 | 2019 G-Mark 产品设计奖 |
| Lenovo X1 smart lock | 2019 IDEA 产品设计奖 |
| F2 smart shoes | 2019 iF 包装设计奖 |
| Lenovo Lecoo smart camera R1/S1 | 2019 iF 产品设计奖 |
| thinkplus Speaker | 2019 iF 产品设计奖 |

# 第七章

# 案例回顾与洞察

## 消费和商用产品体验的同与异

### 消费和商用场景的差异性

第四章介绍了场景化思维及场景化思维的运用。现在看一下商用和消费场景下用户需求的特点。

➲ 消费场景

➢ 易用性

消费场景下，产品的易用性是用户的关键性需求。消费者需要能够轻松地掌握产品的操作方法，快速上手并流畅地完成操作。因此，设计师需要简化产品的操作流程和交互方式，提高产品的易用性。

➢ 趣味性

消费场景下，产品的趣味性是吸引用户的重要因素之一。消费者需要能够在使用产品的过程中感到有趣、愉快和轻松。因此，设计师需要通过添加游戏化元素、使用幽默的语言或创造有趣的互动方式等手段，增加产品的趣味性和吸引力。

➢ 独特性

消费场景下，产品的独特性和差异性是吸引用户的重要因素之一。消费者需要通过使用产品来展示自己的个性和独特性。因此，设计师需要通过创新的设计和功能，打造与众不同的产品形象，使用户对产品产生深刻的印象。

➢ 情感共鸣

消费场景下，产品需要能够与用户产生情感共鸣。消费者需要在使用产品的过程中感受到情感上的满足和共鸣。因此，设计师需要关注用户的情感需求和心理感受，通过产品的设计、功能和内容等手段，激发用户的情感共鸣和情感体验。

➢ 美观性

消费场景下，产品的外观设计和材质也是用户关注的重要方面之一。消费者需要在使用产品的过程中感受到产品的美观和舒适。因此，设计师需要考虑产品的外观设计和材质选择，以提高产品的美观性和舒适度。

➢ 社交性

消费场景下，产品的社交性也是用户的重要需求之一。消费者需要能够在使用产品的过程中与他人进行交流和互动。因此，设计师需要考虑产品的社交功能和社交属性，增加用户之间的互动和交流。

➲ 商用场景

➢ 高效性

商用场景下，用户对产品的首要需求是高效。员工和客户需要能够快速、准确地完成工作任务，提高工作效率。因此，设计师需要提升产品功能的高效性和简化操作方式，减少用户的操作成本和学习成本。

➢ 易用性

商用场景下，用户对产品的易用性要求较高。员工和客户需要能够轻松地掌握产品的操作方法，减少操作的错误率。因此，设计师需要简化产品的操作流程和交互方式，提高产品的易用性。

➢ 定制化

商用场景下，不同的企业和组织有不同的需求和业务流程，因此需要产品能够提供定制化的功能和界面，以满足企业和组织的需求和业务流程。设计师需要根据企业和组织的需求和业务流程来定制产品的功能和界面。

➢ 安全性

商用场景下，产品的安全性是至关重要的。企业和组织需要保护内部的数据和信息不被泄露或损坏。因此，设计师需要采取必要的安全措施，如数据加密、权限管理等，来保护产品的数据和信息安全。

➢ 专业性

商用场景下，产品需要具备一定的专业性和严肃性。产品的外观设计和交互方式需要符合企业和组织的形象和气质，同时产品的功能和内容需要具备一定的专业性和深度，以满足企业和组织的需求。

当然，商用场景还包括办公、教育、医疗、工业制造等细分场景，消费场景还包括家居、娱乐、学习、旅游、健康等细分场景。但是，需要注意的是，场景不是单一的、静态的情景，存在各种变数。事件的发生、人物的行为、情绪的变化、环境的变化都是场景变量的一部分。我们结合场景化思考时，应该贴近现实，尽可能地追寻真实的环境，仔细思考每一个变量对于用户行为决策与结果的影响，这样才能帮助团队做出差异化的用户体验。

### 消费和商用产品的体验特点

根据服务对象和系统规模，产品大致可以分为消费产品和商用产品两大类型。讲述了“三体共创”模式后，我们再来分析和总结消费和商用两大类产品的体验特点，从而帮助设计师明确设计任务的产品属性，准确找到当前产品的设计定位，采取适宜的设计思路和策略。

消费产品又称为“C 端产品”，是面向个人用户或消费者的产品，主要目标是满足个人用户的需求和痛点，如用于日常生活、娱乐、学习等产品。通过微信、抖音等应用程序或者京东、淘宝等在线购物平台售卖的产品，以及手机、平板电脑、相机、蓝牙音箱等在生活中随处可见的电子产品，这些都属于消费产品。它们通常拥有海量的产品种类和庞大的用户群，一般需要快速迭代。

商用产品又称为“B 端产品”，是面向企业、组织、政府或事业机构服务的产品，如帮助企业进行财务、供应链、人力资源等内部管理任务的 ERP 系统，帮助企业跟踪和管理与客户关系的 CRM 系统，以及会议全向麦、教育大屏等实体产品。商用产品通常服务于特定的业务领域，如物流、客户服务、人力资源、市场营销等，通常需要更复杂的业务逻辑和流程，以满足企业的特定需求。

面向终端用户的消费产品和面向组织机构的商用产品在设计上有着诸多相似点，同时存在不同程度的差异。了解两者间的同与异，才能设计出更符合受众、更切合实际的产品，增强产品的竞争力和体验。

➲ 消费产品和商用产品体验的共性

无论是消费产品还是商用产品，两者在设计中都遵循一贯的设计准则和标准，以用户需求为导向进行产品创新仍然是决定体验好坏的最重要因素。此外，消费产品和商用产品在产品可用性层面同样需要保持一致。产品的可用性直接影响用户体验和产品的功能性，可用性包括有效性、效率及用户主观满意度。在设计中，不论是消费产品还是商用产品都被要求是可用、易用、乐用的，包括向用户提供清晰、一致和互补的信息，提供容错率，减少犯错成本，以用户更能理解、习惯和共情的方式表达等。[①] 消费产品和商用产品设计只有遵循一般设计原则和标准，才能为创造良好的用户体验提供基础条件。

➲ 消费产品和商用产品体验的差异性

C 端产品和 B 端产品的核心目标不同，导致两类产品体验关注点不同。消费产品的核心是用户体验，产品具有个性化属性；

① Rėklaitis K, Pilelienė L. Principle differences between B2B and B2C marketing communication processes [J]. Organizacijø Vadyba: Sisteminiai Tyrimai, 2019(81): 73-86.

商用产品设计的核心目标是提升工作效率，降低公司投入成本，产品具有通用化属性。反映在用户体验方面，消费产品的有效性、便捷性强，能够提供给用户简单有趣、轻松便捷的强体验感知；而商用产品更加注重业务逻辑与目标，注重流程与效率，注重流畅舒适的使用体验。不同于消费产品，商用产品更加关注产品设计后所带来的效率提升和功能是否适用，因而消费产品和商用产品体验关注点有所差别，具体体现在视觉体验、使用体验、情感体验几个方面。

➢ 视觉体验差异

在视觉体验层面，视觉所传达的信息占据大脑所接收信息中的 80%，视觉体验决定了产品的第一印象，很大程度影响用户购买、继续使用、信任该产品的意愿。视觉体验包括外形、元素的排版、色彩搭配等，提高视觉体验，进而提升产品吸引力。

消费产品以用户体验为核心的设计目标，致使消费产品在设计中比商用产品更加注重个性化、情感化的视觉体验。消费产品通过营造出来的产品丰富的视觉印象，将产品的价值、定位及内在气质传递给消费者，从而潜移默化地影响用户的行为与决策。例如，外形小巧、使用灵活的智能投影是新兴的消费产品品类。随着露营经济、宅经济的兴起，智能投影产品在品质升级的消费趋势下越发受到年轻人的喜爱，联想 YOGA 5000S 智能投影仪采用优雅流畅的线条和简洁紧凑的设计语言，呈现出小巧精致的造型特点，迎合了年轻人追求个性和时尚的审美偏好，被用户亲切地称为“方糖投影”（见图 90）。

图 90　消费产品——YOGA 智能投影 5000S

商用产品的设计语言更加注重美学与实用性的统一，通常采用深黑色或灰色调，以彰显稳健、可靠和专业的特点。联想 thinkplus 会议大屏采用风暴灰色调，配合细拉丝纹理及铝合金边框，营造出商务感和科技感，传达出稳健可靠、高效便捷的产品特点（见图 91）。

图 91　商用产品——thinkplus 会议大屏

➢ 使用体验差异

在使用体验层面，商用产品更加注重实用性和安全稳定性，更加注重产品的性能和效率。由于商用产品具有链接属性，需求与场景跨度明显，因而功能较为复杂，往往需要一定的定制化和集成化。[①] B 端信息密集度高、操作复杂，为保证更高的效率和更低的成本，商用产品设计的重点是提供简约、直接和流畅的使用体验。在评估验证中常用到适用性、易学性及稳定性等量化标准进行测量以提高使用体验。消费产品的场景连贯且集中，通常围绕用户的核心需求展开，功能和内容较为简单，此类产品旨在提供个性化的功能或服务，注重使用过程的品质和用户兴奋度，提供更为细腻、体贴的使用体验。

使用体验对于提高用户忠诚度和满意度至关重要。Vividence 公司的一份报告指出，由于购物过程过于复杂，75% 的网上消费者未完成付款就放弃了网上购买的商品。使用过程中，复杂的交互和不适当的界面设计容易导致用户产生沮丧和困惑，给用户带来消极的用户体验。

以联想 ThinkVision 智慧教育大屏为例（见图 92），设计师在产品的交互和界面设计中，充分考虑用户的操作习惯，重点关注操作的便捷性和流畅性，以减轻教师的工作负担，防止消极体验的产生。设计师针对产品的交互和功能按键进行了本土化和场景化的设计，独立的物理按钮能够有效防止使用时的误触，倾斜角和磁吸装置为师生提供了更好的按钮指示视角和更便捷的触控笔

① 龚帅．互联网 C 端与 B 端产品的交互设计场景差异研究［J］．美与时代（上），2021，（10）：76–78.

拿取。在其配套的软件设计中，通过“多窗口模式”“快捷侧边栏”“智连投屏”等交互和视觉呈现方案，提高了产品的操作效率，提供了更加完整连贯的使用体验。

图 92　联想 ThinkVision 智慧教育大屏交互设计

➢ 情感体验差异

在情感体验层面，消费产品与商用产品由于其服务对象、业务特征的不同决定了其情感体验的根本差异性。在 C 端市场中，情感因素能够吸引消费者，激发消费者做出购买决策，在销售过程起到了至关重要的作用。基于用户的情感触动和购买决策的非理性特征，消费产品的设计格外注重情感表达，每一个元素、按钮、造型、肌理的设计都需要以共情的方式去探讨用户情感体验。联想颈部按摩仪 X1 波浪形曲线纹理设计不仅增强了产品的握持感（见图 93），还传达出弹性和动感，极富生命力和亲切感，圆润的造型和柔和纹理赋予高冷的科技产品生命力，与用户产生情感碰撞。此外，X1 设置有三种使用方式，配合记忆功能和语音播报，为老年人使用智能产品扫清障碍，将设计师的人

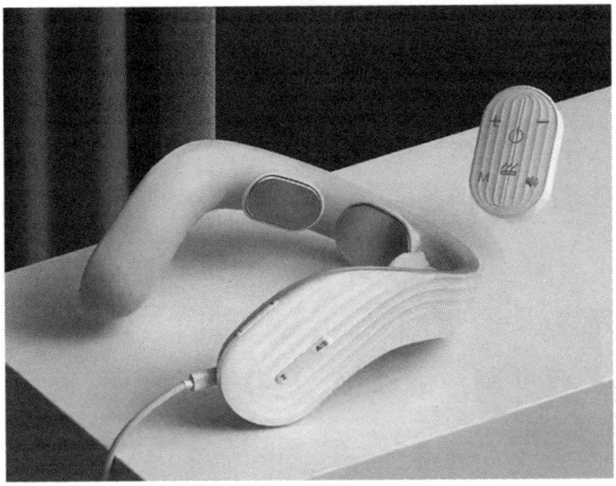

图 93 联想颈部按摩仪 X1

文关怀情感融入产品中，让老年人用户深切感受到设计带来的温暖。

商用产品的服务对象是由多角色群体组织组成的局部个性群体，在 To B 领域，传统观念认为商用产品的购买决策几乎不涉及个人情感，商业公司主要通过提高产品的可靠性、效率等促进销售，设计关注的维度包括简洁性、统一性、流畅性和效率，对用户的情感体验关注较少。但是 Camilleri 等人（2018）认为，在商用产品消费市场中，情感因素同样参与了购买决策，并在决策中发挥一定作用。[①]

在 thinkplus 会议大屏软件交互和视觉设计中（见图 94），设计师采用了商务感与年轻化相融合的设计策略，通过多样化的色彩和图片表达，在设计中注入更多情感因素。thinkplus 会议大屏

① Camilleri, M. A.（2018）. Integrated marketing communications / In travel marketing, tourism economics and the Airline product. – Cham, Switzerland: Springer Nature, pp. 85–103.

的主要用户人群是90后、00后的年轻职场人士，对于多元、差异、活力的事物接受程度高，追求开放与创造力。通过色彩丰富的视觉感受、强调质感的细节表达及玻璃材质通透感的运用，建立产品差异化的视觉优势；在商务沉稳的色彩调性和科技风的品牌属性基础上，设计语言和表现形式的变化，使得色彩表达更加多样化、图片表达更加情感化。与此同时，设计师还力图通过创造情感价值来增进用户的认知，多样化的色彩选择范围与 Light Work 设计理念相呼应，当多元化团队协作时，团队中的每个人都能获得更易理解、更加轻松的体验。

图94　thinkplus 会议大屏软件交互和视觉设计

消费和商用产品的体验趋势

2008年至2011年，是移动互联网发展的起步阶段，尚属于C端产品盛行、各种线上服务野蛮生长的蓝海阶段。随着移动互联网传统的C端业务发展成熟，消费产品领域的红海逐渐显露出来，C 端市场逐渐下沉，以平台和流量为代表的消费互联网时代的红利即将结束，资本和商业创新开始将目光从下游的 C 端用户身上慢慢转移到上游的 B 端行业身上。

近几年，随着职业多样化，居家办公、远程办公的大量出现，生活和工作边界相互交叉，消费产品和商用产品两者的界限逐渐模糊。大量互联网公司、创业公司应运而生，共享办公空间模式出现，使得办公环境更年轻、更灵活、更多样和更丰富，对设备的外观要求不像以前那么古板和严肃。对商用产品的要求是更加简单易用，用户体验越发被重视，呈现出年轻化特征。消费产品垂直领域发展在不断细化，用户需求不断深入和拓展，消费产品越来越注重专业性和效率。消费产品和商用产品的发展趋势呈现出两者体验特点相互融合的趋势。

成熟的 B 端产品越来越注重用户体验，如充分使用视觉元素引起用户的情感共鸣，从而达到吸引用户的目的。商用产品的主流群体趋于年轻，因而审美呈现年轻化趋势，商用产品外观在持续多年未变的情况下也有了明显的外观升级需求，对设计语言、表现形式和情感体验方面提出了新的要求。在 thinkplus 会议大屏产品设计中，UI 设计师采用了 B 端 C 化的策略，在软件交互和视觉层面，打破原来一味强调商务沉稳、高冷科技的风格，建立更加融合消费感、易用性和人性化体验的设计。在硬件设计方面，延续了坚持思考、人文关怀的 Think 品牌精神，以更加年轻化和时尚化的设计语言实现美学与实用性的统一。加入了曲线、浅色点缀和易用性的硬件交互，贴合用户消费年轻化的趋势，成功打造产品差异点。

以上围绕着 B 端产品和 C 端产品的同与异展开探讨，明确了消费产品和商用产品的定位，重点分析了消费产品和商用产品体验的差异性，并展望了未来两类产品体验相互融合的趋势。希望上述解读有利于设计和用户体验从业者把握两类产品的关注重点，从而提升产品体验和市场竞争力。

## “三体共创”模式对不同产品的适用性及发展方向

### “三体共创”模式的优势和适用性

在传统设计项目中，用户体验作为独立环节被纳入。项目启动后，产品经理邀请用户体验专家分析需求和痛点，得出见解。产品经理综合这些见解和其他因素定义产品特性，再传达给设计师设计方案，制作模型或原型。之后，产品经理邀请用户体验专家进行评估测试，发现问题则设计师反复修改方案，直至设计方案通过，项目进入开发阶段。此间，用户体验专家和设计师虽有交流，但工作基本按流水线顺序进行，各职能角色的任务独立。然而，这种模式易导致信息不畅、节奏失调、进展缓慢，最终可能影响产品的用户体验达不到预期目标。

在“三体共创”模式中，用户体验已经不再被看作一个项目的环节或者一个职能，而是贯穿整个项目的一条准绳。整个项目流程都是围绕如何提升用户体验设置和展开的。每一个人，无论本身的工作是什么，都会从用户体验的角度思考、讨论问题。在设计项目中，我们通常会用图 95 这样的双螺旋结构来描述用户体验深度融入设计流程的状态。开展设计和用户体验工作的是同一个团队的成员，彼此熟悉和信任，一同参与用户调研和分析，一同产出创意和解决方案并快速验证、优化迭代。在这个过程中，虽然有分工，但用户体验设计师和产品设计师之间的界限变得模糊。由于用户体验深度融入，产品设计完成时，已经是经过用户研究专业反复验证的了。这样，项目的效率和质量都有显著的提升。

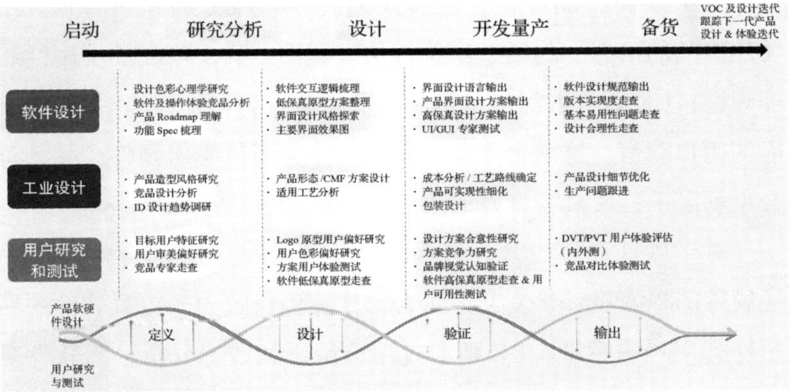


图 95　“三体共创”模式示意

“三体共创”模式在项目开发中也体现了广泛的适用性，其跨领域的通用性和包容性赋予该模式强大的生命力。

➲ 适用领域的广泛性

“三体共创”模式不局限于特定行业或产品类型，具有高度的灵活性。在消费产品（To C）领域，该模式能够充分考虑消费者需求和行为习惯，通过用户共创打造更符合市场趋势和用户喜好的产品。在商用产品（To B）领域，该模式则注重企业特定需求和业务流程优化，通过场景化思维形成定制化解决方案，提升企业的产品竞争力和运营效率。

➲ 设计对象的包容性

无论是硬件产品设计还是软件产品设计，"三体共创"模式都能发挥其提升用户体验的本质特点。

根据设计对象的不同，"三体共创"模式中的三个专业可以灵活调整其参与程度和方式，满足不同项目的需求。

对于硬件产品设计，该模式强调 ID 与 UE 的紧密合作。ID 关注产品的形态、材质、结构等物理属性，确保产品的实用性和美观性；UE 则负责深入了解用户需求和行为习惯，为 ID 提供有力的用户洞察。这两个专业的协同工作，可以确保硬件产品既符合市场需求，又具备良好的用户体验。

对于软件产品设计，该模式侧重于 UI 与 UE 的合作。UI 关注软件的界面设计、交互逻辑和操作流程，致力于提升软件的易用性和用户满意度；UE 则通过用户调研和数据分析，为软件交互和视觉设计提供精准的用户反馈和需求洞察。这两个专业的紧密配合，有助于打造出功能强大、操作便捷的软件产品。

另外，"三体共创"模式并不局限于单一的硬件或软件产品设计，是可以根据项目需要灵活调整的。在一些综合性的项目中，如软硬件结合的产品，ID、UI 和 UE 三个专业可以共同参与，实现全方位的设计创新。

➲ 理论基础的先进性

"三体共创"模式引入了参与式设计、迭代式设计等先进设计理念，结合场景化思维和方法，构建了一个全面而系统的设计体系。

以前，大家讲“以用户为中心”“一切从用户出发”，但这种思考模式属于专家式思维，是将用户作为设计对象，设计师通过同理心和自身素质能力实现对用户的共情，进而提供产品和服务的设计。这样的思维模式或多或少受限于设计师自身的能力。为了突破这样的局限，在设计上追求更精准的创新，我们在设计过程中引入用户共创，也就是将用户作为设计的合作伙伴，邀请用户参与产品设计的全流程，让用户在使用产品时能看到自己想法和影子，成为产品的“共同设计者”。邀请那些最终使用产品、服务或有体验的人参与设计过程，设计师可以更好地理解用户的需求。

此外，值得一提的是，我们通过分析用户在不同场景下的行为、情境和需求，得出不同场景下的核心问题和突出需求点，再结合分析结果制定充分且有针对性的解决方案。过去的设计曾经习惯于产品式思考，只考虑人与产品之间的单向关系。现在进入体验经济时代，当我们运用场景化的思维模式，从多维度观察人与环境及体验链之间的相互关系时，就能敏锐地发现更多的体验优化点。现在和过去人与产品之间的多向联系如图 96 所示。

综上所述，“三体共创”模式在多个维度和层面上展现出优越性和实用性。它不仅适用于不同领域和行业的产品设计开发，而且适用于不同类型和特性的产品。这使得该模式具有强大的生命力和设计价值，能够为产品的用户体验带来创新和提升。

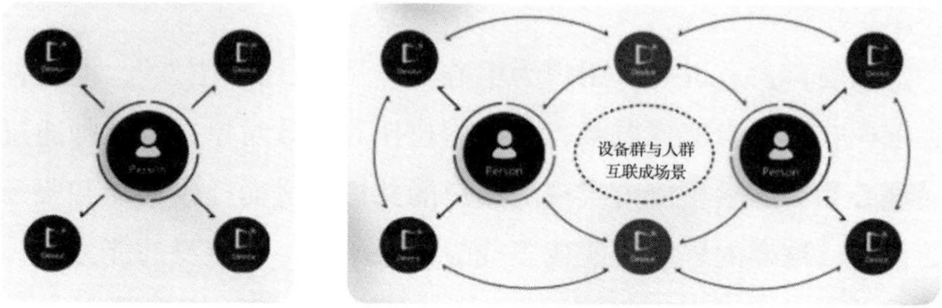


现在　　过去

图 96　现在和过去人与产品之间的多向联系

"三体共创"模式的发展方向

深入研究"三体共创"模式在实践中的应用效果后，我们还将从以下几个方面持续发展和完善该模式。

➲ 优化专业协作流程

在"三体共创"模式中，ID、UI 和 UE 三个专业的紧密协作是关键。因此，优化专业协作流程是改进该模式的重要方向。通过建立更加明确的任务分工和沟通机制，确保各专业在项目中能够高效协同，减少沟通成本和误解。同时，可以引入敏捷项目管理的方法和工具，更好地把控项目进度和质量。

➲ 以数据驱动提升用户研究的深度和广度

用户研究是"三体共创"模式中至关重要的环节，它为设计团队提供了有力的用户洞察和需求依据。为了提升用户研究的深度和广度，可以采用更多的用户调研方法和技术，如问卷调查、用户访谈、行为观察等，以获取更全面、深入的用户反馈和需求信息。此外，还可以利用大数据和人工智能技术，对用户数据进行深度挖掘和分析，发现潜在的用户需求和市场趋势。

➲ 加强创新能力的培养

创新能力是“三体共创”模式的核心竞争力之一。为了提升该模式的创新能力，可以加强设计团队成员的创新意识和创新思维培训，鼓励团队成员积极尝试新的设计理念和方法。同时，建立创新激励机制，对在项目中提出创新性解决方案的团队成员给予适当的奖励和认可。

➲ AI 理念和工具的赋能

充分发挥 AIGC 工具在创意来源、内容生成等方面的作用，为设计师提供创意灵感、方案优化等支持，提高设计效率和质量。分析用户行为和反馈，AI 可以在使用“三体共创”模式过程中提供宝贵的数据支持，更好地理解用户需求并进行精准设计，使得设计更加科学和客观。例如，在模拟环境下预测不同设计方案会产生的结果，减少投放测试的成本。

➲ 建立持续优化机制

持续优化是“三体共创”模式不断发展的重要保障。建立定期的项目回顾和总结机制，深入分析项目中出现的问题和不足之处，并提出改进措施。同时，建立用户反馈收集和处理机制，及时收集和处理用户对产品的反馈意见，以便持续改进和优化产品。

我们希望，这些措施的实施可以进一步提升“三体共创”模式的应用效果和竞争力，为未来的设计项目创造更大的价值。

# 第八章

# “三体共创”模式的总结

## 工作理念及优势

### 产生背景和工作理念

近年来，随着消费者需求的多样化和快速变化，许多企业认识到用户体验的重要性，开始将用户体验作为核心竞争力，并希望通过创新来实现卓越的体验。很多企业都试图运用传统的设计模式和组织架构来实现体验优先和体验创新，在这种组织中的用户研究和设计专业分属不同的团队，相对独立。用户研究团队致力于用户数据的收集、测量、整理和深入分析，以及体验走查和评估，而设计团队则专注于为特定的业务需求构思创新的解决方案。然而，在项目的实际推进过程中，两个团队的专业划分有时呈现出一定的独立性。用户研究团队倾向于细致研究数据并寻求流程的优化，而设计团队热衷于激发创意和提出新颖的设计思路。由于尚未建立高效的沟通和协作桥梁，两个团队合作时会出现步调不一致的情况，这在一定程度上影响了设计团队为用户提供卓越体验的创新工作的顺畅开展。下面的智能健身镜的案例正好说明了以上问题。

随着健康意识的增强，越来越多的消费者开始关注家庭健身。一家初创公司决定开发一款智能健身镜，将健身指导、视频课程和社区互动等功能整合到一个产品中，以满足消费者在家就能享受专业健身指导的需求。

在产品开发过程中，用户研究团队主要负责收集和分析用户数据，了解用户的使用习惯、痛点及期望。设计团队则负责根据这些信息制定具体的解决方案，设计产品的外观和功能。

然而，在实际操作中，两个团队之间的沟通和协作并不顺畅。用户研究团队提供的数据和反馈被设计团队视为“理论上的需求”，而设计团队更倾向于基于自己的专业知识和经验进行产品设计，导致产品设计与用户真实需求之间的脱节。由于两个团队之间的信息不对等，用户研究团队无法及时获取设计团队的工作进展和成果，从而无法有效评估和优化创新效果。这不仅延长项目的开发周期，增加开发成本，还可能影响企业的市场响应速度和创新能力，进而削弱企业的竞争力。

例如，设计团队为设计品增加了一些“创新”的功能，如社交分享和虚拟竞赛等。然而，这些功能并非用户的核心需求，而且在实际使用中，用户反馈这些功能操作复杂且实用性不强。而一些用户真正关心的功能，如课程种类的丰富性和个性化推荐等，未能得到充分的重视。

此外，用户研究团队在数据分析中发现，用户对于产品的操作界面有较高的期望，希望界面简洁明了、易于操作。然而，设计团队设计界面时，过于追求创新性和独特性，导致界面切换频繁、操作烦琐，不符合用户的使用习惯。

因此，这款智能健身镜产品虽然在一定程度上满足了消费者对家庭健身的需求，但由于用户研究团队和设计团队之间的割裂，产品未能完全贴合用户的真实需求。上市后，产品在市场上的表现并不理想，用户满意度和口碑未能达到预期。

"三体共创"模式正是为了解决上述问题而产生的。这个方法是以用户体验为核心，以用户共创为支撑，硬件和软件设计相互融合，同时用户研究专业从前期的需求分析、产品定义，到设计方案输出时的验证、原型的体验评估，以及上市前的用户测试全程介入。三个专业相互结合，打造出更加一体化的产品体验。

"三体共创"模式不仅打破了传统的职能界限，还将团队协作提升到一个新的层次。通过软硬件设计与用户研究的紧密融合，团队能够更深入地理解用户需求，从而创造出更加符合市场期待的产品。

在这种模式下，用研专家和设计师之间的界限变得模糊，他们共同参与用户的调研、分析、创意产出及解决方案的验证和优化过程。这种深度合作不仅提高了工作效率，更确保了产品设计的质量。用研专家直接参与设计过程，能够更准确地理解设计思路和评估设计方案。设计师能够了解用户研究的第一手资料，通过用户共创更好地理解用户的真实想法和期望。

“三体共创”模式与创新的关系

经过这几年的实践，随着对“三体共创”模式运用得越发纯熟，我们认为，“三体共创”模式对体验创新起到了明显的促进和修正作用。

首先，“三体共创”模式强调跨专业的融合与协作。ID、UI和UE这三个专业背景的团队成员在共同工作过程中，能够相互借鉴、碰撞思想，从而激发出更多的创新灵感。这种多元化的团队构成使得设计过程更加全面和深入，有助于发现和解决潜在的问题，推动产品设计的创新。

其次，“三体共创”模式始终强调以用户体验为核心。用户研究作为连接用户需求和设计输出的桥梁，在模式中发挥着至关重要的作用。通过深入了解用户的真实需求和痛点，设计师能够更准确地把握创新方向，避免盲目追求新颖而忽视用户体验。同时，用户研究专业还可以为设计师提供宝贵的反馈和建议，帮助设计师不断优化和改进设计方案，推动创新的持续进行。

最后，“三体共创”模式的应用形式是灵活多样的。针对不同类型和应用场景的产品，该模式可以灵活调整。例如：对于软硬件结合的智能产品，三个专业需要同时介入；对于纯软件产品或者纯硬件产品，UI和ID专业按需介入即可。

随着市场和技术的不断发展，“三体共创”模式也在不断迭代和优化。在实践过程中，项目团队应该保持灵活性和创新性，勇于尝试新的方法和思路，以更好地满足用户需求并推动产品体验的创新发展。

## "三体共创"模式对企业、团队及个人成长的益处

### ➲ "三体共创"模式在企业组织中的优势

一是提升产品竞争力。"三体共创"模式确保了产品在 ID、UI 和 UE 方面的全面优化，使产品更具市场竞争力。这种跨专业的合作模式有助于企业在激烈的市场竞争中脱颖而出。

二是降低风险与成本。在立项初期就引入用户研究，企业可以更早地发现并解决潜在问题，降低产品上市后的风险。同时，"三体共创"模式有助于减少设计过程中的返工和修改，降低开发成本。

三是促进内部沟通与协作。"三体共创"模式要求不同专业背景的团队成员紧密合作，这有助于打破部门壁垒，促进企业内部沟通与协作。这种跨部门合作的文化有助于提高企业的整体运营效率。

四是融合设计思维与用户体验。"三体共创"模式中的 ID 和 UI 专业具有运用设计思维的天然优势，而运用设计思维解决用户体验问题更具发现力、创造力和创新性，能够给体验管理带来很强的生命力，帮助企业找到既符合用户需求又具有独特性的解决方案。这种创造力不仅体现在产品设计的创新上，更体现在对整个用户体验流程的优化和重构上。

### ➲ "三体共创"模式带给设计团队的益处

一是拓宽设计视野。"三体共创"模式使得设计团队能够接触到更多的专业知识和技能，拓宽设计团队的视野。这种跨专业的交流有助于激发设计师的创意思维，提高他们的设计水平。

二是提高设计效率。通过 ID、UI 和 UE 的协同工作，设计团队可以在设计过程中及时发现并解决问题，提高设计效率。这种高效的合作模式有助于缩短产品上市时间，满足市场需求。

三是增强团队凝聚力。“三体共创”模式促进了团队内部的沟通和协作。在螺旋形的共创体系下，团队成员可以不断迭代和优化设计方案，确保最终产品能够满足用户的真实需求。这种反复验证的过程不仅提高了产品的用户体验，也增强了团队的凝聚力和协作能力。

➲ “三体共创”模式带给设计师和用户研究人员的益处

一是提升个人技能。参与“三体共创”项目的个体可以接触到更多专业领域的人才和知识，从而提升自己的技能和知识。这种跨专业的锻炼有助于个人的全面成长。

二是增强职业竞争力。具备跨专业合作经验的设计师和用户研究从业者在求职市场上更具竞争力。在技术和市场快速变化的今天，在“三体共创”模式下历练的设计师和用户研究从业者能够更好地适应复杂多变的业务需求，为企业创造更多价值。

三是拓宽职业发展道路。“三体共创”模式鼓励设计师不再局限于某个单独的设计价值点，而是将更多精力放在以用户体验价值为锚点的产品全生命周期的商业闭环中，用户研究人员也有更多机会去优化设计方案。这样不断横向拓宽自己的视野和知识领域，有助于个人在职场中打造差异化的竞争优势。

## 用户共创研究工具的运用

用户共创研究工具如图 97 所示。

| 阶段 | 洞察 | 定义 | 创造 | 落地及验证 |
| --- | --- | --- | --- | --- |
| 回答问题 | 用户在哪里？<br>生活是怎样的？<br>用户喜欢什么？ | 用户的痛点？<br>用户想要什么？<br>哪些是最重要的？ | 如何解决痛点？<br>有哪些备选？<br>各自的优缺点？<br>如何提高吸引力？ | 是否达到预期？<br>用户是否满意？<br>如何优化？ |
| 研究方法 | 深度访谈<br>调查问卷<br>焦点小组<br>录像日记观察<br>网络研究<br>… | 5WHY 分析法<br>客户旅程图<br>用户体验地图<br>KANO 模型<br>… | 竞品分析<br>卡片分类<br>参与式设计<br>… | 可用性测试<br>眼动测试<br>情绪体验测试<br>（脑电 / 心电）<br>后台数据分析<br>… |

图 97　用户共创研究工具

"三体共创"模式是以用户体验为核心的，该模式应用于产品从立项到设计直至商业化落地的全过程，我们会运用多种工具或模型收集并分析用户数据，创建用户画像和场景，为设计决策提供依据。这些工具在产品开发过程中各自有其作用，它们为设计团队提供了宝贵的用户信息和数据支持，有助于打造出更符合用户需求、更具市场竞争力的产品。

如果将产品设计开发的全过程分为需求洞察、产品定义、方案创造、落地和验证四个阶段，每个阶段都有一些对应的研究工具帮助设计团队收集及设计用户需求和评估体验。

### ➲ 洞察阶段

➢ 深度访谈

深度访谈是一种无结构的、直接的、一对一的访问形式。它允许研究者与被访者深入交流，探讨他们的观点、态度、感受和经验。目的是收集关于用户需求、心理、行为、习惯等方面的信息，为产品或系统的设计提供基础。通过与研究目标紧密相关的访谈问题，研究人员可以深入了解用户的真实想法、感受及期望，找出用户的潜在动机、态度和情感。这些信息对于形成初步的用户画像、设定产品功能方向及制定用户体验设计策略至关重要。

深度访谈的优点在于能够获取详细和丰富的信息，了解被访者的真实想法和感受。访谈过程较为灵活，研究人员可以根据被访者的回答进行深入的追问和探讨。然而，深度访谈的缺点在于样本量较小，可能无法代表整体用户群体，且访谈过程需要投入较多的时间和精力。

应用深度访谈时，研究人员需要掌握高级访谈技巧，确保访问过程的深入和有效。这包括制定明确的研究目标、设计合适的问题、选择合适的参试者、控制访谈氛围和节奏等。同时，为了确保访谈结果的可靠性和有效性，研究人员还需要详细记录、整理和分析访谈数据。

➢ 调查问卷

调查问卷是一种结构化的数据收集工具，通过向特定群体发放问卷，收集关于他们的观点、行为、习惯等方面的信息。调查问卷的优点在于能够覆盖较大的样本量，获取标准化的数据，便于统计分析。此外，调查问卷的实施成本相对较低，可以快速收集大量数据。然而，调查问卷的局限性在于可能无法获取深入的信息，且问卷设计的质量直接影响数据的准确性和有效性。

调查问卷可应用于项目的多个阶段，统计分析用户需求，验证设计方案或了解用户满意度。

需要注意的是，问卷中的问题要具有针对性和明确性，避免问题复杂或模糊。问题的顺序和逻辑要合理，以便用户顺畅地完成问卷。选择目标用户时，要确保样本具有代表性，能够反映目标用户群体的整体情况。

调查问卷样本如图 98 所示。

➢ 焦点小组

焦点小组，也称为"小组访谈"，通常由经过训练的调查者主持，采用半结构化的方式，与一组被调查者（通常 6~8 人）进行深入的讨论和交流。根据研究目的，焦点小组会设置讨论主题和一系列引导问题。这些问题可以引导用户深入讨论，并揭示他们的需求、偏好和痛点。经验丰富的主持人负责引导小组讨论，确保讨论顺利进行。主持人需要具备良好的沟通技巧和敏锐的洞察力，能够激发用户的讨论热情并捕捉关键信息。小组讨论过程中，研究人员需要记录用户的发言和讨论内容。讨论结束后，研究人员需要整理和分析记录内容，提取用户的关键观点和反馈。

焦点小组应确保成员具有代表性，能够反映目标用户群体的特征和需求。主持人需要营造轻松、开放的讨论氛围，鼓励用户积极参与并分享自己的见解。虽然需要在小组访谈过程中设定讨

A2【打分】请分别观察这几款路由器，分别对其进行评价打分？【访问员依次展示本品 3 款 + 竞品 3 款，分别进行打分记录】

| 测量维度 | 问题 | 产品 | 非常喜欢 | 喜欢 | 有点喜欢 | 一般 | 不太喜欢 | 不喜欢 | 完全不喜欢 |
|---|---|---|---|---|---|---|---|---|---|
| 喜好度 | 您对这几款路由器产品的喜欢程度如何？ | M1 | 7 | 6 | 5 | 4 | 3 | 2 | 1 |
| | | M2 | 7 | 6 | 5 | 4 | 3 | 2 | 1 |
| | | M3 | 7 | 6 | 5 | 4 | 3 | 2 | 1 |
| | | M4 | 7 | 6 | 5 | 4 | 3 | 2 | 1 |
| | | M5 | 7 | 6 | 5 | 4 | 3 | 2 | 1 |
| | | M6 | 7 | 6 | 5 | 4 | 3 | 2 | 1 |
| 独特性 | 您认为这几款路由器产品同市面上其他同类商品相比，独特性如何？（这里是指正向的独特性，有了独特性会让您更加喜欢这个产品） | 产品 | 非常独特 | 独特 | 比较独特 | 一般 | 不太独特 | 不独特 | 完全不独特 |
| | | M1 | 7 | 6 | 5 | 4 | 3 | 2 | 1 |
| | | M2 | 7 | 6 | 5 | 4 | 3 | 2 | 1 |
| | | M3 | 7 | 6 | 5 | 4 | 3 | 2 | 1 |
| | | M4 | 7 | 6 | 5 | 4 | 3 | 2 | 1 |
| | | M5 | 7 | 6 | 5 | 4 | 3 | 2 | 1 |
| | | M6 | 7 | 6 | 5 | 4 | 3 | 2 | 1 |
| 需求满足度 | 您认为这几款产品满足需求的程度如何呢？ | 产品 | 非常满足 | 满足 | 有些满足 | 一般 | 不太满足 | 不满足 | 完全不满足 |
| | | M1 | 7 | 6 | 5 | 4 | 3 | 2 | 1 |
| | | M2 | 7 | 6 | 5 | 4 | 3 | 2 | 1 |
| | | M3 | 7 | 6 | 5 | 4 | 3 | 2 | 1 |
| | | M4 | 7 | 6 | 5 | 4 | 3 | 2 | 1 |
| | | M5 | 7 | 6 | 5 | 4 | 3 | 2 | 1 |
| | | M6 | 7 | 6 | 5 | 4 | 3 | 2 | 1 |

图 98 调查问卷样本

论主题和引导问题，但主持人应避免对用户过度地引导或暗示，以此保证讨论的客观性和真实性。

➢ Persona（人物角色）

在用户研究中，Persona 是一种虚构的用户代表，它基于真实的数据和深入的用户洞察创建而成。这些人物角色帮助团队更好地理解和共情用户，指导设计团队开展产品设计和做出决策。通过创建人物角色，团队可以更加清晰地了解不同用户群体的需求、目标和行为模式，确保产品能够满足这些用户需求。

Persona 的创建过程通常包括几个步骤：首先，收集和分析用户数据，包括用户调研、问卷调查、用户访谈等；其次，根据这些数据识别不同的用户群体，并为每个群体创建一个人物角色；再次，为每个人物角色添加详细的描述，包括他们的背景、需求、目标和行为模式等；最后，将人物角色应用于产品设计和决策过程中，确保产品能够满足目标用户的需求。

通过使用 Persona，团队可以更加聚焦用户的需求和痛点，避免陷入主观臆断和假设的陷阱。同时，Persona 还可以帮助团队更好地协作和沟通，确保每个人都对产品的目标用户有清晰的认识和理解。

Persona 示意如图 99 所示。

➢ 亲和图

亲和图（Affinity Mapping）是一种用于组织和分析信息的图形工具，特别适用于头脑风暴和决策过程，它能帮助用户研究人员实现对数据的分组、主题提炼和可视化。在用户研究过程中，亲和图可以用于整理和分析从用户那里收集到的各种信息，如用户访谈记录、用户反馈、观察笔记等。将这些信息按照相关性和相似性分组，团队可以洞察用户需求、痛点和行为模式，进而指

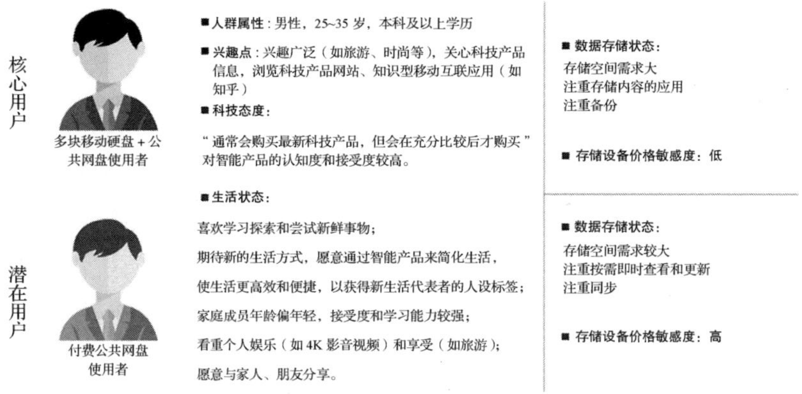


图 99　Persona 示意

导产品设计和优化。

此外，亲和图还可以用来识别不同模式、提取见解或解决方案，帮助团队在问题识别与分析、需求收集和整理、数据分析等方面取得更好的成果。

➲ 定义阶段

➢ 5WHY 分析法

5WHY 分析法，也被称为“5 个‘为什么’分析法”，是一种通过连续追问“为什么”来深入探究问题根本的方法。这种方法鼓励团队解决问题时，不满足于表面的答案，而是深入挖掘，直至找到问题的核心和根本原因。虽然称作“5 个为什么”，但使用时不限定只问 5 次为什么，直至找到根本原因为止，有时可能只问几次，有时也许要问十几次，简单来说，就是“打破砂锅问到底”。

在用户研究过程中，5WHY 分析法能够帮助团队深入理解用户的行为、需求和痛点。通过连续追问"为什么"，团队可以逐渐揭示用户背后的真实动机和期望，更准确地把握用户需求，这为产品设计提供有力支持。

例如，当团队发现用户使用产品时遇到了困难，可以运用5WHY分析法来探究问题的根源。首先，询问为什么用户会遇到这个困难；然后，继续追问导致这个困难的根本原因是什么；通过连续追问，团队可以逐渐接近问题的核心，找到解决问题的关键所在。

➢ 用户体验地图

产品规划前期，团队需要了解真实目标用户在实际场景中的行为、想法、痛点和需求。用户体验地图是获取这些信息的工具，它是以目标用户为视角，描述具体使用流程 / 场景中的用户行为、遇到的问题、情感体验等的可视化工具。

用户体验地图通常包含以下关键要素。

一是用户角色和场景。明确地图所代表的用户类型及他们所处的具体场景，这有助于团队更加聚焦地理解特定用户群体的需求和体验。

二是用户目标和期望。列出用户在产品或服务使用过程中希望达到的目标和期望，有助于团队识别用户的核心需求和痛点。

三是用户行为。详细描述用户在使用产品或服务时的行为路径，包括他们交互方式、遇到的障碍及解决这些问题的方式。

四是用户情感。记录用户在体验过程中的情感变化，从而了解哪些环节引发用户的积极情绪或消极情绪，进而优化这些环节以提升用户体验。

五是痛点与机会点。识别用户在体验过程中遇到的痛点和潜在的机会点，为产品或服务的改进提供方向。

通过绘制用户体验地图，团队可以更加系统地了解用户在使用产品或服务过程中的整体体验，发现存在的问题，找出改进空间，有助于指导产品的设计和优化，提升用户满意度和忠诚度。

➢ KANO 模型

KANO 模型是对用户需求分类和优先排序的有用工具，以分析用户需求对用户满意度的影响为基础，体现了产品性能和用户满意度之间的非线性关系。根据此模型，可以分析出产品某功能 / 服务归属哪一种属性，具有怎样的特征，进一步明确该功能开发的优先级。

基于对需求满意度、具备度的二维分析，KANO 将需求划分为必备型、期望型、兴奋型、无差异型、反向型五类需求。

必备型需求（必须有）：需求满足时，用户不会感到满意；需求不满足时，用户会很不满意。这类需求是核心需求，是产品必有的功能。

期望型需求（应该有）：需求满足时，用户会感到很满意；需求不满足时，用户会很不满意。这类需求通常是竞品之间比较的重点。

兴奋型需求（可以有）：惊喜型产品功能，超出用户预期，往往带来较高的忠诚度。若不提供此需求，用户满意度不会降低；若提供此需求，用户满意度会有很大的提升。

无差异型需求（可以没有）：用户根本不在意的需求，需求被满足或未被满足，都不会影响用户满意度。

反向型需求（根本没有）：该需求与用户的满意度呈反向相关，提供此需求后用户满意度反而下降。

这五类需求的优先级排序为：必备型需求＞期望型需求＞兴奋型需求＞无差异型需求＞反向型需求。

KANO 模型示意如图 100 所示。

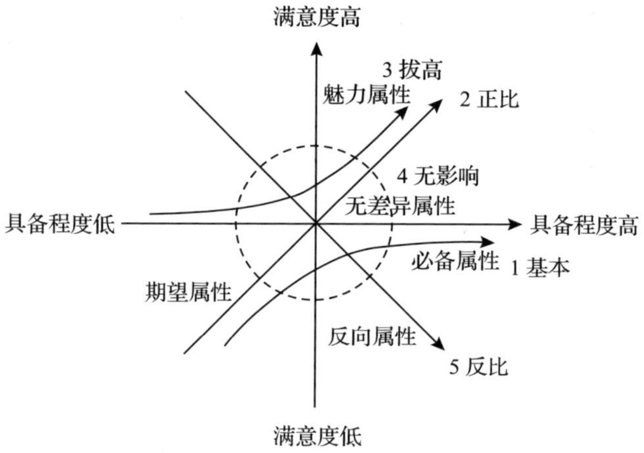


图 100　KANO 模型示意

通过应用 KANO 模型，用户研究人员可以更加系统地收集和分析用户的需求和期望，指导产品设计和优化。此外，KANO 模型还可以帮助团队识别哪些需求是核心且必须满足的，哪些需求是可以通过创新来超越用户期望的，从而制定更加精准的产品策略。

➢ 价值主张画布

价值主张画布主要用于了解客户的需求，并根据这些需求提供相应的产品和服务。这个工具的核心目的是确保产品或服务能够紧密围绕客户的需求和利益来设计和优化。

价值主张画布包含多个关键部分，如客户概况、价值主张及契合点。其中，客户概况详细阐述用户或客户的需求、痛点和期望收益，帮助团队深入理解目标用户群体。价值主张则基于客户概况，描述团队打算提供什么样的产品或服务（解决方案）来缓解客户痛点或满足其期望，从而为客户创造价值。

使用价值主张画布，团队可以更加精准地定义和满足客户需求，确保产品或服务的设计与开发始终围绕用户的核心需求进行。这不仅提升用户体验，还增强产品或服务的市场竞争力。

➲ 创造阶段

➢ SWOT 竞品分析

SWOT 竞品分析是一种战略分析工具，用于评估企业、产品或服务的优势（Strengths）、劣势（Weaknesses）、机会（Opportunities）和威胁（Threats），如图 101 所示。在用户研究过程中，运用 SWOT 分析竞品，可以帮助团队更全面地了解竞争对手在用户心中的地位，以及竞争对手在满足用户需求方面的表现。

通过 SWOT 竞品分析，团队可以识别优势、揭示劣势、发现机会和应对威胁。

识别优势，即了解竞品在功能、设计、用户体验等方面的优势，发现自身产品或服务可能存在的不足，寻找提升和改进的机会。

揭示劣势，即发现竞品在用户研究、产品更新或市场响应等方面的不足，为自身产品或服务提供差异化的竞争优势。

发现机会，即分析市场趋势、用户需求变化及技术革新等外部因素，找出竞品尚未满足或未能充分满足的用户需求，为自身产品或服务提供创新方向。

应对威胁，即识别竞争对手可能带来的潜在威胁，如市场份额的抢占、技术的超越等，以便制定相应的应对策略。

此外，SWOT 竞品分析还为团队在制定产品策略、市场定位及用户增长计划时，明确目标和方向，避免与竞品陷入不必要的竞争，从而实现更加有效地吸引和留存用户的目标。

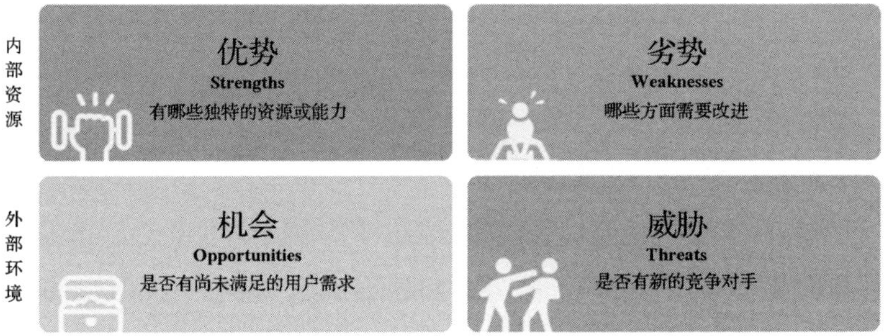


图 101　SWOT 分析示意

➢ 情景故事板

情景故事板是以视觉的方式讲述故事的方法，也用于陈述设计在应用情境中的使用过程。故事板有助于研究者了解目标用户群体、产品使用情境、产品使用方式和时间。

情景故事板的作用主要体现在以下几个方面。

一是增强代入感。通过具体的角色和情境化的场景描述，团队成员能够更加直观地感受到用户的实际体验，从而更深入地理解用户背后的需求和动机。

二是可视化表达。相比于纯文字的描述，情景故事板通过图片、图表等视觉元素，更直观地呈现用户的使用场景和流程，帮助团队成员更快速地理解和沟通。

三是激发想象力。新颖、引人入胜的故事情节能够激发团队成员的想象力，促使他们从不同的角度思考问题，发现更多的潜在需求和优化点。

四是明确产品方向。通过对不同故事场景的分析和比较，团队可以更加清晰地了解用户在不同场景下的需求和行为模式，进而为产品的设计和优化提供明确的指导方向。

因此，在用户研究过程中，情景故事板可以帮助团队更加深入地了解用户，发现潜在的问题和机会，为产品的改进和创新提供有力的支持。

➢ 卡片分类法

卡片分类法主要是通过用户对一系列概念、功能、内容等的分类和整理，来揭示用户的信息架构偏好和思维模式。

卡片分类法的应用有助于团队成员理解用户组织和理解信息，从而更好地优化产品的信息架构，提升用户体验。通过卡片分类法，团队可以获取用户对信息分类的直观反馈，这对构建符合用户心智模型的产品界面至关重要。

在实际操作中，卡片分类法通常包括以下步骤：准备卡片、选择参与者、分类卡片、分析结果等。其中，卡片的内容可以根据研究目的定制，可以是产品功能、网站导航项、内容类别等。通过让参与者对卡片进行分类和命名，研究人员可以获取到用户对信息结构的理解和期望。

➢ Ideation Workshop（创意工作坊）

Ideation Workshop（创意工作坊）是设计开发过程中常用的一种方法，目的是构建一个集思广益、激发创新思维的平台。参与者通过集体讨论、合作探索，生成一系列富有创意的设计概念，为后续的设计工作提供丰富的素材和灵感。

创意工作坊通常有一到多名引导者，引导者是流程专家，不必是业务专家。他保持中立的态度，采用倾听、总结、提问等方式，激发参与者的热情，妥善处理会议中的各种破坏性行为，把控时间，让工作坊会议高效有序地进行。

创意工作坊有 5 个要素，简称"5P"。

Purpose：工作坊要达到的目的。

Product：交付物是什么？以什么形式交付？

Participants：需要哪些人参与？可以通过会议发起人找到关键利益干系人，通常是能影响提供关键输入的人，包括决策层和执行者等。

Process：要通过什么样的流程，去达到期望的产出？工作坊通常是多轮思维发散和收敛的过程，可以使用非常多的工具，如头脑风暴、鱼骨图、心情曲线、用户体验地图等。

Possible Issues：思考可能出现的意外，提前做好积极应对。

通过创意工作坊，参与者可以有效地激发创新思维，挖掘问题的多个角度，生成丰富多样的创意想法。同时，该方法有助于加强团队合作和沟通，提升设计师解决问题的能力。

## ➲ 落地及验证阶段

### ➢ 快速原型法

快速原型法通过快速构建和测试产品的简化版本，来收集用户的反馈和建议。核心在于“快速”和“迭代”，通过不断的原型构建和用户测试，逐步优化产品设计和用户体验。

在用户研究过程中，快速原型法具有以下重要作用。

一是快速验证概念。通过构建产品原型，团队可以短时间内验证产品或服务的核心概念和功能是否符合用户的期望和需求。这有助于团队在早期阶段发现并解决潜在问题，避免后期出现重大修改或重构。

二是收集用户反馈。快速原型法允许团队在产品开发过程中不断收集用户的反馈和建议。通过让用户实际操作原型，团队可以了解用户使用产品过程中的真实体验，从而发现潜在的问题和改进点。

三是指导后续开发。根据用户反馈和测试结果，团队可以对产品进行有针对性的优化和改进。这有助于团队更加明确产品的发展方向，提高产品的开发效率和产品质量。

四是降低风险。通过快速原型法，团队可以在早期阶段发现并解决潜在问题，降低后期开发过程中的风险，确保产品能够按照既定的时间表和预算顺利上市。

### ➢ 可用性测试

作为用户研究类型中的一种，可用性测试与产品及研发结合非常紧密，常用于产品上线前后。团队运用可用性测试，观察有代表性的用户，完成产品的典型任务，从而找到产品可用性问题，并解决这些问题，目的是改善产品，让产品更容易使用。

可用性测试类型分为形成式和总结式两种。形成式以 3 名至 5 名测试者的小样本为主，只需要 1 至 2 个小时的测试时间，核心目的在于快速发现问题、优化问题。总结式的样本量较大，通常 30 人以上。作为定量的评估方式，一般大型第三方调研公司会经常使用。对于快速迭代的敏捷开发项目，更多的时候使用以发现问题为主的形成式可用性测试方式，以便更好地跟产品的开发周期紧密结合。

通过可用性测试，团队可以获得宝贵的用户反馈和数据，了解用户在使用产品或服务时的真实体验。这有助于团队发现潜在的设计缺陷、操作障碍和用户体验问题，为产品的优化和改进提供有力支持。

➢ *启发式评估*

启发式评估是一种由专家完成的产品可用性评估方法，旨在找出系统中潜在的可用性问题。具体来说，多位评估者（通常为专家）对照一些可用性准则，并依据自己的经验对用户界面的可用性进行独立评估。

启发式评估既可以评估界面原型，也可以评估成熟的产品，既可以评估整个产品，也可以评估产品的某个部分。因此，启发式评估具有灵活性和广泛应用性。

此外，启发式评估主要评估产品的用户体验和可用性，并提供改进建议，使用户更满意地使用产品。它可以应用于多个领域，如移动应用程序设计、软件界面设计、产品设计、游戏设计、电子商务网站、健康医疗应用及智能家居系统等。在这些领域中，启发式评估有助于优化产品的用户界面、交互流程和功能布局，提升用户体验。

需要注意的是，进行启发式评估时，团队需要明确界定评估范围，并将测试任务划分为多个不同的用户使用场景。这样可以确保评审专家能够站在用户体验的角度，完成涉及范围内的任务，发现可用性问题。

➢ 关键指标评估

关键指标评估主要是通过测量和分析特定指标，评估产品或服务的性能、效果和用户满意度。在用户研究过程中，关键指标评估可以帮助团队更好地了解用户的需求和行为，以及产品或服务在市场上的表现。

关键指标的选择至关重要，它们应该能够直接反映用户体验、业务目标及产品或服务的核心价值。例如，对于一款移动应用，关键指标可能包括用户活跃度、留存率、转化率等；而对于一个电商平台，关键指标可能包括销售额、订单量、用户满意度等。

通过收集和分析这些关键指标的数据，团队可以深入了解用户的行为模式、偏好及潜在需求，从而优化产品设计、改进用户体验或调整市场策略。此外，关键指标评估还可以帮助团队与其他利益相关者（如投资者、合作伙伴等）进行有效沟通，展示产品或服务的成果和价值。

关键指标评估并不是一次性的工作，而是一个持续的过程。随着市场和用户需求的变化，团队需要不断调整和优化关键指标，确保评估结果的准确性和有效性。

➢ WebAIM（Web Accessibility in Mind）提高色彩实践可行性

WebAIM（Web Accessibility in Mind）不仅是一个用于测试颜色使用合理性和识别性的工具，还是一个专注于提升网络可访问性的综合性资源平台。该平台提供了丰富的信息和工具，帮助开发人员、设计师和内容创作者创建用户友好的网站和应用软件。

在UI设计过程中，颜色的选择和使用是非常重要的。颜色可以影响用户的情绪、感知和行为。对于残障用户，特别是色觉障碍者，不合理的颜色搭配可能导致信息无法准确传达。WebAIM提供了关于颜色对比度等方面的指导，帮助设计师选择既能满足视觉美观又能确保信息准确传达的颜色组合。

除了颜色对比度测试，WebAIM还提供了其他多种工具和功能，如字体大小和可读性的建议、键盘导航的测试、表单和标签的可访问性检查等。这些工具和资源可以帮助UI设计师发现并解决网站或应用中的可访问性问题，从而提升用户体验，确保所有用户都能方便地访问和使用。

按照项目开发的不同阶段，前文介绍了一些常用的方法和工具。需要指出的是，这些方法和工具并非只适用于某一特定阶段，而是可以根据项目特点，在不同阶段灵活使用。它们不仅帮助团队更好地理解用户，还促进产品的优化和创新，为制定精准的市场策略和产品策略提供有力支持。它们是用户研究不可或缺的重要组成部分，为产品的成功上市和后续迭代奠定坚实基础。

# 第九章

# 从产品体验创新到全链路体验创新

## 产品体验创新的趋势

### 从“以产品为中心”到“以用户为中心”的转变

探讨产品设计思路从“以产品为中心”到“以用户为中心”的深刻转变时，我们将审视这一变迁背后的逻辑、影响以及它如何塑造了产品创新的路径。这一转变不仅是对设计方法论的一次革新，更是对人类生活方式和价值追求的一次深刻反思与提升。

在过去，当社会生产力尚不发达、产品尚不充裕时，企业主要关注的是提高产品产量以满足消费者的基本需求。产品往往以本身的功能或性能为核心，消费者选择产品时，也主要关注产品的质量和价格。此时的产品设计往往侧重于产品的功能性、耐用性和生产效率。设计师更多地关注如何通过技术创新、材料改进或工艺优化来提高产品的性能，确保产品能够满足既定的技术规格和市场要求。这种设计理念下，产品被视为独立的实体，其设计目的是最大化产品的使用价值，而用户则被视为被动接受这些既定产品的对象。

现在，随着技术的进步和消费者需求的升级，行业关注焦点从产品本身逐渐转移到产品的使用者——用户身上，"以用户为中心"的设计（User-Centered Design，UCD）理念成为业界共识。这一理念认为，设计的核心应当是理解并满足用户的真实需求、偏好和行为模式，而不仅是追求技术上的先进性或形式美学上的完美。为了实现这一目标，设计师及用户研究人员需要通过各种方法（如用户调研、原型测试、参与式设计等）深入了解用户的生活场景、使用习惯、情感需求乃至潜在痛点。设计师直接与用户交流，收集并分析他们的真实需求。在设计过程中，强调用户使用产品时的整体体验，包括易用性、愉悦感、个性化等。这意味着设计不仅要解决功能问题，还要创造积极的情感体验，增强用户对产品的黏性和忠诚度。同时，基于用户反馈不断迭代设计，确保产品能够持续适应市场变化和用户需求的演进。

从"以产品为中心"到"以用户为中心"的转变具有重要意义，这在于通过更加深入地理解和贴近用户的实际需求和偏好，产品能够更好地服务人们的日常生活，不仅提升生活品质和幸福感，还极大地激发了创新活力，鼓励设计师突破传统框架，积极探索新的设计思路和技术应用，为产品体验创新带来无限可能。

### 体验创新设计和产品创新

产品设计本质上是致力于创造合理的生活方式，旨在全面提升人们的生活品质。随着设计理念的演进，从“以产品为中心”到“以用户为中心”的转变反映了人们追求生活品质的信念不断增强。在这个进程中，体验创新设计作为新兴的产品设计理念，为产品创新注入了新的活力，引领设计领域向着更加人性化、情感化的方向发展。

体验创新设计是一项综合性的设计工作，它涵盖产品、服务、活动与环境等方面，每一项因素都是基于用户个人或群体的需求、愿望、信念、知识、技能、经验和看法考量的。在这个过程中，用户不再是被动的接受者，而是设计的直接参与者和影响者。这种设计方式确保了设计能够真正符合用户的需要，体现了设计的互动性和“以用户为中心”的特点。

体验创新设计注重产品体验的三个层次：形式体验、功能体验和情感体验。这些层次共同构成产品体验的整体框架，为用户带来更加开放性和互动性的感受。形式体验关注产品的外观和造型，追求视觉上的愉悦和审美上的满足；功能体验作为体验设计的基本考量目标，包括很多方面，如产品自身的结构、性能、使用方法、可用性、易用性等；情感体验强调产品在使用过程中给用户带来的情感反应，如愉悦、满足、惊喜等。

通过这三个层次的体验设计，产品不仅能够满足用户的基本需求，还能够为用户带来情感上的满足和心灵上的滋养。这种设计方式不仅拓宽了设计创新的思路，也为用户带来了更加丰富和深刻的产品体验。

因此，体验创新设计在产品创新中的重要性不言而喻。它不仅是提升产品竞争力的关键，也是实现产品与用户之间深度互动和情感连接的重要途径。在未来，随着人们对生活品质追求的不断提升，体验创新设计将继续发挥重要作用，引领产品设计领域向着更加人性化、情感化和智能化的方向发展。

## 产品体验创新的未来趋势

在数字化和智能化浪潮的推动下，产品体验创新已成为企业获取竞争优势、满足用户需求的关键所在。随着科技的飞速发展和用户需求的多样化，未来的产品体验创新将呈现出更加多元化和复杂化的趋势。下文将从学科融合、人工智能、情感化体验和数据驱动四个方面，探讨未来产品体验创新的趋势及其对行业和用户的深远影响。

### ➲ 跨学科的交叉和融合

产品体验创新是一种整合型的创新模式，它充分体现了多学科知识的交叉与融合。这种模式不仅打破传统学科间的界限，还推动各领域的协同发展，为用户带来更加优质、便捷和个性化的产品与服务。

随着科技发展和用户需求的变化，产品设计的使命也在不断演变。未来的产品设计将更加注重融合和创新，这意味着产品设计将不再局限于单一的学科领域，而是需要整合多个学科的知识和技术，创造出更加智能化、个性化和可持续化的产品与服务。

在产品体验创新过程中，ID、UI 和 UE 等学科发挥了核心作用。它们深入研究用户需求、行为习惯和心理特征，为产品提供了符合用户期望的外观、功能和交互方式。同时，心理学和社会学从理论角度，帮助设计师更好地理解用户的内心世界和社会文化背景。

此外，管理学和信息技术、材料工艺等学科也为用户体验与产品创新提供了重要支持。管理学提供了项目管理和团队协作的方法论，确保设计过程的顺利进行；而信息技术和材料科学则从软件和硬件层面为产品提供技术支持，以实现强大的功能和可靠的性能。

因此，设计师需要具备跨学科的知识储备和创新能力，不断学习和掌握新技术、新方法，以适应不断变化的市场需求和用户期望。同时，企业需要加强跨学科的合作与交流，打破部门壁垒，营造协同创新的良好氛围。

### ➲ 人工智能正在加速产品体验创新效率

伴随信息技术的快速发展，人工智能（AI）已经成为推动各行各业创新的关键力量。特别是 2022 年底，以 ChatGPT 为代表的生成式 AI（简称“AIGC”）引发了全社会的广泛关注。目前 AIGC 领域所呈现的内容类型越来越丰富，包括文字对话、图片、视频、音乐、代码。内容质量不断提升，规模化水平越来越高。产品体验设计作为高度依赖创意和感官 / 情感表达的领域，同样在 AI 浪潮的席卷下获得前所未有的创新机遇。

业内已经开始尝试运用 AIGC 进行设计创新：可口可乐曾使用 AI 设计算法为其“Share a Coke”活动生成个性化的瓶子设计；Nutella 使用 AI 为其“Nutella Unica”系列创建 700 万个独一无二的包装设计。

AIGC 对于产品体验创新的作用体现在以下几个方面。

一是提供创新性的灵感和想法。人们在设计过程中常常需要不断地寻找灵感和创意，而 AIGC 可以通过分析大量的数据和图像，提供新颖的设计元素和构思。通过与设计师的合作和交互，AIGC 可以为设计师提供创新性的思路和独特的设计方案，帮助设计师更好地完成设计任务。

二是提高体验设计效率。设计过程中，设计师需要花费大量的时间和精力进行研究、调研和试验，而 AIGC 可以通过自动化和智能化的方式，快速地分析和处理大量的设计数据，提供设计师所需的信息和结果。这样大大节省设计师的时间和精力，提高设计的效率和质量。

三是优化设计方案和提升用户体验。AIGC 可以通过数据分析和模拟仿真，评估和优化设计方案，提供更合理、更优秀的设计解决方案。同时，AIGC 可以分析用户行为和反馈，提供个性化的设计建议和优化方案，从而提升用户的体验和满意度。例如，UserTesting 已经运用机器学习来识别用户测试会话视频中的情绪。①

四是提供多样化的设计选择和个性化的设计服务。设计师可以通过与 AIGC 的合作获取不同风格的设计选择，为不同的用户需求提供定制化的设计方案。AIGC 可以根据用户的喜好和偏好，生成个性化的设计元素和风格，满足用户对于独特和个性化设计的需求。

➲ 情感化和人性化的体验创新

随着社会的进步，人们对于产品或服务的关注点，已从注重

① Irina Nik. Navigating the AI revolution：how designers can stay competitive. 2023.1.5.

实用性，转到关注产品或服务对他们情感的影响上。情感化的体验设计试图从这个方面去满足消费者的特殊需求。在市场竞争日益激烈的今天，产品之间的功能差异逐渐缩小。情感化和人性化的体验设计往往能够成为产品的独特卖点，帮助企业从市场中脱颖而出。可以预见，情感化和人性化的产品体验将成为商业价值提升的必备手段。

微信的表情包设计可以说是情感化体验创新的一个案例。

与纯文字相比，表情包通过生动的图像和夸张的表情，能够更直接、更生动地传达用户的喜怒哀乐。这种直观性使得用户能够更轻松地表达自己的情感，同时也更容易理解他人的情感状态。设计师巧妙运用颜色、形状、动态效果等元素，创造出各种富有创意和个性的表情包。这些表情包不仅具有高度的识别度，还能够引发用户的共鸣和情感共振。

此外，微信表情包还具有很高的用户参与度和互动性。用户可以根据自己的喜好和需求，自定义表情包，或者参与表情包的创作和分享中。这种参与感和互动性使得表情包成为用户与微信平台之间建立情感联系的重要纽带。

未来，随着用户需求的变化，产品将更加注重用户体验的细节。设计者将会寻找更多的方式将情感元素融入产品创新中，增强用户对产品的认同感和归属感，从而提高他们的满意度和忠诚度。

➲ 数据驱动的体验优化和迭代

数据是提供用户体验的基石。62% 的客户体验（Customer Experience，CX）领导者感到他们在提供消费者期望的实时体验方面仍需改进。[1] 随着体验时代的到来，业界正集中精力利用数据快速进行用户体验的更新和迭代，这为以数据驱动为特征的体验优化带来了机遇和挑战。

首先，数据驱动的体验优化和迭代有助于团队精准了解用户需求和行为。通过收集和分析用户使用产品过程中的各种数据，企业可以深入洞察用户的偏好、痛点及改进空间。这些数据不仅包括用户的点击、浏览、停留时间等基础数据，还包括用户的反馈、评价等更深入的信息。这些数据为产品团队提供了宝贵的依据，使他们能够更准确地把握用户的需求和期望。

其次，数据驱动的体验优化和迭代能够提高产品迭代的效率和质量。传统的产品迭代往往依赖设计师和工程师的经验和直觉，而数据驱动的方法更加客观和科学。对比不同版本或不同设计方案的数据表现，产品团队可以更加清楚地了解哪些改动是有效的，哪些改动需要进一步优化。这种基于数据的决策方式不仅可以减少不必要的试错成本，还可以加速产品的迭代进程。

再次，数据驱动的体验优化和迭代还有助于团队建立持续优化的产品文化。在数据驱动的环境下，产品团队需要不断地收集、分析数据，并根据数据反馈改进产品设计。这种持续优化的过程不仅有助于企业提升产品的整体质量，还有助于培养团队成员的数据意识和用户导向思维。这种文化将鼓励团队不断追求更好的用户体验，推动产品的不断创新和发展。

---

① Zendesk. 2024 客户体验趋势报告 .

然而，需要注意的是，数据驱动的体验优化和迭代并非万能之药。虽然数据提供了宝贵的洞察和依据，但数据的解读和分析仍需要依赖专业人员的经验和智慧。此外，数据可能存在偏差或者误导性，因此需要谨慎对待并结合其他信息综合判断。

因此，数据驱动的体验优化和迭代是产品体验创新的重要趋势之一。它有助于团队精准了解用户需求、提高迭代效率和质量，并推动建立持续优化的产品文化。然而，实践中仍需谨慎对待数据并结合其他信息做出综合判断。

通过深入剖析跨学科交叉和融合、人工智能加速创新、情感化和人性化体验及数据驱动优化等未来产品体验创新的趋势，我们可以看到，这些趋势不仅推动了产品设计的进步，更深刻地改变了企业与用户之间的关系。它们不仅提升了产品的功能和性能，更在情感层面与用户建立了紧密的联系，使得产品成为用户生活中不可或缺的一部分。

未来的产品体验创新之路没有终点，我们需要持续探索新的设计理念和技术手段，以适应不断变化的市场需求和用户期望。同时，我们也需要关注伦理、隐私等方面的问题，确保产品体验创新在推动社会进步的同时，能够保护用户的权益和利益。

展望未来，我们有理由相信，随着科技的进步和设计师的不断创新，未来的产品体验将更加丰富多彩、更加智能化、更加情感化。这些创新不仅将提升用户的生活品质，更将为企业创造更大的商业价值，推动整个社会的繁荣发展。

# 全链路体验设计简述与展望

## 全链路体验的定义

通常意义上，产品体验主要聚焦于用户在使用某一产品过程中的感受。它涵盖了从用户开始接触产品到结束使用产品的过程，包括产品的安装、使用、外观、价格等。产品体验是用户对产品的品牌、功能等全方位的感受，更侧重于产品本身带来的直接体验。

全链路体验是一个更为广泛的概念，是用户在产品或服务使用过程中，从起始点到终止点所经历的完整流程的整体感受。这种体验涵盖了用户与产品或服务互动的每一个环节，包括了解产品、选择产品、购买产品、使用产品及售后服务等。全链路体验不仅关注产品本身的功能和性能，还关注用户在整个流程中的感受、认知和情感的综合体验。

因此，产品体验是全链路体验的一个重要组成部分。全链路体验包含产品体验，同时还扩展到用户与产品或服务互动的其他商业活动环节。全链路体验更注重整个流程的连贯性和一致性，以及各个环节之间的衔接和协调。

## 研究全链路体验设计的原因

### 产品和服务正在多元化和复杂化

在产品经济时代，我们习惯于将硬件和软件视为孤立的工具，产品与用户之间是固定的连接，通过挖掘需求并针对性地开发功能来解决问题。设计师主要依赖数据分析、工业设计和交互设计能力来达成目标。然而，体验经济时代下的用户体验远比以前复杂，例如，智能家居产品便是一个典型的综合体，它集成了硬件、软件、生态联动系统、生产、营销、服务等维度。

智能家居产品不仅具有较长的产业链和众多的交互触点，而且其体验极为丰富。除了产品的直接使用体验之外，还包括营销体验、购买体验、服务体验及传播体验。任何一个环节的缺失或体验不佳，都可能对整体的用户体验造成严重影响，从而引发用户的沮丧感。因此，在智能物联网时代，产品的体验不再局限于线上或线下的单一维度，而是需要综合考虑整个生态系统的连贯性和一致性。

具体来说，设计团队除了具备产品的 ID、UI、UE 核心能力外，还需要打破传统的线上与线下界限，将产品的软硬件设计与推广、销售、使用、维护、传播等环节深度融合。“三体共创”模式不仅能够显著提升产品的直接使用体验，而且可以全方位地应用于涵盖营销体验、购买体验、服务体验及传播体验的全链路体验升级。举例来说，在线下门店体验提升项目中，ID 可以将产品设计的理念融入门店设计风格中，确保产品展示能够体现产品的核心功能和优势，同时符合目标顾客的心理预期和行为习惯。 此外，作为产品创新的深度参与者，ID 和 UE 同时最了解产品特点，因而可以创新展陈形式，增加趣味性元素，吸引顾客的注意力，协同设计符合场景应用下的产品展陈方案，让顾客在参观过程中能够直观感受产品的特点和优势。在官网、微信小程序体验提升项目中，UI 和 UE 运用专业的设计能力和对用户体验的深入理解，在项目中发挥着至关重要的作用，如通过简化购物流程，优化导航和页面布局等方式，提升用户满意度和转化率。这种协同工作模式确保了从产品构思到市场投放的每一个环节都能紧密围绕用户需求展开，提升整体的用户满意度和忠诚度。

全链路体验设计流程示意如图 102 所示。

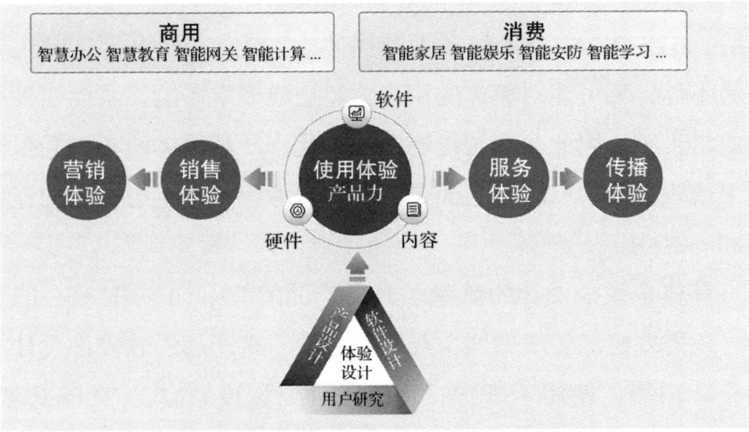


图 102　全链路体验设计流程示意

➲ 激烈的市场竞争使得营销与运营策略成为产品成功的关键因素

随着智能物联网逐渐进入成熟阶段，生产产品的技术门槛逐渐降低，市场上提供的服务日益多样化。在这一背景下，企业之间的竞争焦点逐渐从单纯的产品和技术转向运营和营销能力的比拼。简而言之，谁能够更好地吸引并留住用户，谁就能在市场上取得优势。这种转变在设计领域表现为运营需求的显著增长。

当前的产品运营已不是单纯地依靠广告投放、门店销售、成本控制等，而是涉及越来越复杂的用户交互环节。这些环节在提升用户体验的同时，也暴露出诸多体验问题。因此，如何优化这些环节，提升用户体验，成为产品竞争力提高的重要挑战。

以智能家居产品为例，许多公司推出了集多种功能于一体的智能设备，如智能音箱、智能照明等。为了提升产品的用户黏性和市场份额，这些公司不仅注重产品的硬件设计和软件功能，还投入大量精力在运营和营销活动上。例如，某公司推出了一款集娱乐、控制和信息于一体的智能音箱，并围绕其开展一系列运营活动。这些活动包括线上互动游戏、音乐分享、语音控制挑战等，旨在通过丰富的交互体验吸引和留住用户。

然而，在实际操作中，设计师和市场运营人员之间的合作往往存在诸多障碍。设计师可能更关注产品的体验细节和美观度，而市场运营人员更看重活动的创意和传播效果。由于双方对彼此领域的知识和经验有限，合作中经常出现误解和摩擦。因此，设计师要能够站在全局的角度，对整个商业流程有着更清晰的认知，思考设计如何在商业全链路中提升用户体验，这正是全链路体验设计的意义所在。

### ➲ 设计需要与商业深度融合来提升价值

在智能产品日益同质化、市场竞争日趋激烈的今天，用户体验的优化已不再是单纯的设计问题，而是涉及企业战略、业务形态、组织架构等层面的综合问题。设计师若期望为企业带来更大的价值和受到更多的重视，必须深化对业务的理解和参与，将设计思维与商业逻辑紧密结合，共同推动体验的进步与发展。

互联网兴起以来，用户体验的重要性已经得到各行各业的广泛关注，随着行业的成熟和发展，各公司在用户体验研究方面已逐渐形成一套标准化的工具和方法论。这使得体验本身不再是制约产品发展的主要瓶颈，甚至产品模式也不再是唯一的限制因素。在这一背景下，设计师要想继续发挥价值，就必须跳出传统的框架，更深入地了解业务，探索设计在业务中的更多可能性。

事实上，许多设计师在实际工作中都会发现，一些关键的设计决策往往并不完全掌握在自己手中。公司的整体战略、企业文化及其他业务部门的诉求往往对设计产生更为深远的影响。这使得设计师在追求更好的设计时，常常力不从心。然而，这正说明设计师需要突破专业局限，从单纯地支持和交付的角色转变为驱动体验提升的角色，也就是"设计破圈"或"设计创业"。体验经济时代的设计师不仅关注设计的实现，更关注设计的思维、方法和机会在业务中的落地和推广，从而创造出更大的价值。

在这一转变过程中，全链路体验设计的能力尤为重要。全链路体验设计要求设计师不仅关注产品的形态、界面和交互，更要深入了解商业全链路中与用户发生联系的各个触点，包括兴趣激发、需求洞察、业务逻辑、技术实现及商业化变现等环节。只有这样，设计师才能从全局的角度出发，综合考虑各方面因素，设计出真正符合业务需求和用户期望的产品。

因此，设计与业务的深度融合是提升设计价值的关键所在。设计师需要转变角色，以设计创业者的姿态参与业务，通过全链路体验设计的方法和能力，精准捕捉市场脉搏，洞察用户需求，推动产品在激烈的市场竞争中脱颖而出。

随着这一趋势的发展，产品设计对设计师和用户体验人员的能力要求也不断提升。他们不仅需要具备深厚的专业功底和敏锐的市场洞察力，还需要掌握跨领域的知识和技能，如项目管理、团队协作、数据分析等。只有如此，我们才能更好地与业务深度融合，实现产品与用户需求的精准对接。

面对未来的挑战和机遇，我们期待设计师和用户体验从业者能够不断提升自身能力，为产品创新和业务发展贡献更多的力量。